초보 농부의 텃밭 가꾸기

글·사진 손현택

초보 농부의
텃밭가꾸기

지은이 | 손현택
펴낸곳 | 도서출판 지식서관
펴낸이 | 이홍식
디자인 | 디자인 감7
등록번호 | 1990. 11. 21. 제 96호
주소 | 경기도 고양시 덕양구 고양동 31-38
전화 | 031)969-9311 팩스 | 031)969-9313
e-mail | jisiksa@hanmail.net

초판 1쇄 발행일 | 2014년 3월 10일
초판 5쇄 발행일 | 2020년 6월 5일

머리말

녹색생활이 일상화되면서 정원, 옥상, 베란다에서 텃밭 농사를 짓는 도시 가정이 늘어나고 있습니다. 그만큼 도시인의 일상에서 푸른 전원 생활을 꿈꾸면서 사는 사람이 많아졌음을 보여줍니다. 올 여름도 많은 사람들이 뒷마당과 베란다에서 소담한 텃밭을 만드는 광경을 보노라면 그것이 볼품없는 텃밭이라 할지라도 주인의 열성을 보는 것 같아 빙그레 미소가 지어집니다. 이런 분들에게 필요한 책을 구상하던 중 농사 용어를 쉽게 순화한 초보 농부의 농사책을 구상하였고, 그 결과 이 책이 출간되었습니다.

초보 농부가 쉽게 키울 수 있는 농작물을 소개하는 것이 이 책의 목적이지만 아무래도 농작물의 쓰임새와 역사, 농작물로

할 수 있는 약용 분야를 다루는 것도 좋을 성싶었습니다. 자료 조사 작업으로 약 6개월의 시간이 소요되었는데 그 덕분에 필자 역시 농작물의 역사와 쓰임새를 다양하게 배울 수 있었습니다. 조금 더 우리 인간들이 이 분야에 관심을 가지면 제3세계의 식량난도 해소될 것 같다는 생각이 들었습니다.

사실 식량난이니 뭐니 하는 그런 거창한 말을 하기 위해 이 책을 꾸민 것은 아닙니다. 저에겐 그러한 전문적인 식견도 없을뿐더러 그러한 말을 하기에는 아직도 배워할 것들이 많기 때문입니다. 그저 단순한 이유가 있다면, 지난 15년 동안 너무도 식물을 좋아한 나머지, 이제는 식물을 키우는 법이나 식물 유전자에도 관심을 갖게 된 것이 이 책을 꾸밀 수 있었던 계기가 된 것 같습니다. 식물의 형태, 생태, 분포도를 관찰하는 것만큼 즐거운 일도 없었지만 식물을 키우는 것 역시 즐거움을 배가시킨다는 것을 새삼 느꼈습니다.

장기적인 불경기로 인해 출판 경기가 좋지 않은 상황입니다. 그럼에도 불구하고 이 책의 출간을 결정하신 지식서관 사장님께 이 자리를 빌려 깊은 감사를 드립니다. 아울러 책을 준비하는 과정을 물심양면 지원하신 동료 제갈영님에게도 감사 인사를 드립니다.

2014년 2월
화악산 능선에서 손현택 드림

CONTENTS

머리말 05

01
텃밭 기초

텃밭의 종류 14
용기 텃밭 15
텃밭 만들기 기초 16
텃밭 작물 대량 재배 17
텃밭 용어
 – 이랑, 고랑, 두둑 18
텃밭 작물 냉해 대책 19
밑거름 & 웃거름 20
지주대와 유인줄 22
순따기 & 곁가지치기 23
북주기 & 김매기 24
솎아내기(솎음) 26
텃밭 작물 수경 재배 27

02
잎 채소
텃밭 작물

아욱 32
시금치 37
근대 42
미나리 46
쑥갓 50
상추(치마상추) &
포기상추(결구상추) 54
배추 60
유채(하루나) 66
갓 71
고들빼기 76
부추 81
파 & 쪽파 86
비름 90
돌나물(돈나물) 94
고사리 99

03
열매 채소
텃밭 작물

가지 106
고추 111
아삭이고추(오이
맛고추) 116
오이 120
동아 124
호박 128
수세미오이 134

04
뿌리 채소
텃밭 작물

감자 140
고구마 145
무 150
당근 155
도라지 160
토란 165
우엉 170
양파 174
마늘 178
생강 & 울금 183

05
알곡류와 벼과 식물 텃밭 작물

들깨　190
참깨　195
팥(소두)　200
콩(대두)　205
강낭콩　210
완두(완두콩)　215
제비콩　220
작두콩　225
녹두　230
땅콩　235
기장　240
귀리　244
수수　249
조(좁쌀)　254
율무　259
메밀　264

06
과일 · 채소 텃밭 작물

수박　272
참외　277
토마토 & 방울토마토　282
포도　287
딸기　292
옥수수　296

07
외국 채소
텃밭 작물

치커리 &
적치커리 302
겨자 307
다채(비타민) 312
브로콜리 317
케일 322
양배추 326
래디쉬(적환무) 330
샐러리 334
신선초 338
파슬리 342
피망 & 파프리카 346

08
약용 식물
텃밭 작물

왜당귀(일당귀) 354
더덕 358
결명자 363
오미자 368
구기자 372

● 찾아보기 376

참고
이 책을 읽는 방법

재배 환경
식물의 재배 환경을 상대평가 방식으로 산정하였으므로 과학적으로 증명 가능한 절대적인 평가표는 아니다. 막대 길이가 짧을수록 재배는 가능하나 기술적인 능숙도가 필요하고, 막대 길이가 길면 그만큼 해당 방식으로의 재배가 용이하다.

수경 재배는 양분이 일정량 함유된 물을 기준으로 적량의 온도, 적량의 햇빛이 있을 경우를 가정한 뒤 여러 가지 수경 재배 정보를 조합 합산하여 산정하였다. 단, 고사리처럼 특수 장비가 동원된 수경 재배의 경우 상대평가 가치를 하락시켰다. 이 표에서 수경 재배 확률이 높은 식물은 일반 수돗물(하루 전 받아둔)에서도 발아 확률이 높은 식물임을 뜻한다. 일단 발아를 하면 그 식물은 이론적으로 계속 수경 재배 할 수 있을 뿐 아니라 모종 크기일 때 용기나 텃밭으로 옮겨 정식할 수 있다.

토양
해당 텃밭 식물이 선호하는 토양 정보와 이랑의 너비에 대한 정보이다.

파종
해당 텃밭 식물의 파종 적정기와 파종 방법을 설명한다.

모종
모종으로 심을 경우 모종의 재식 간격 및 모종 정식(이식) 시기이다.

관리
해당 텃밭 식물의 관리 방법을 해설한다.

비료
해당 텃밭 식물의 생육에 필요한 웃거름과 밑거름에 대해 설명한다.

수확
해당 텃밭 식물의 수확 시기를 설명한다.

그 외 파종 정보 & 병충해
해당 텃밭 식물에서 가장 많이 발생하는 병충해에 대해 설명하였고, 그 외 파종에 필요한 정보가 있을 경우 추가 설명하였다.

텃밭 기초

텃밭의 종류

초보 농부의 텃밭은 다음과 같이 여러 가지가 있다.

1 텃밭에서 재배하는 배추
2 비닐 하우스형 텃밭
3 걸이분으로 키우는 파프리카
4 가정집 대문 옥상의 텃밭 식물
5 건물 옥상의 텃밭

14 초보 농부의 텃밭 가꾸기

용기 텃밭

용기 텃밭은 유휴 공간이 없는 도시와 아파트에서 다양한 용기에 흙을 담아 텃밭 작물을 재배하는 것을 말한다. 양재 도매상가의 화분 집들이 '텃밭 상자' 또는 '식물 재배 상자'라는 이름의 텃밭 식물 재배용 용기를 판매하고 있지만 필요에 따라 스티로폼 상자, 기왓장, 콜라 페트병, 고무 대야, 쌀가마니 자루를 재활용한다.

용기로 텃밭 작물을 재배할 때는 용기 바닥에 자갈 등을 얇게 채우고 그 위에 밭흙이나 상토(배양토)를 넣어 식물을 기른다. 텃밭 작물은 수확할 작물이 많을수록 좋으므로 용기는 클수록 좋다.

1, 2, 3 텃밭용 용기
4 플라스틱 용기 텃밭
5 목재 용기
6 고무 대야 텃밭
7 화분 텃밭
8 스티로폼 텃밭
9 자루 텃밭
10 기왓장 텃밭

텃밭 만들기 기초

1 밭 만들기
2 트레이
3 아주심기

1. 밭 만들기

재배할 텃밭 작물에 따라 웃거름을 주고 밭을 갈아엎은 뒤 30cm, 50cm, 1m 너비의 밭두둑을 만들어 이랑에 작물을 심고 고랑을 만들어 물 빠짐을 원활하도록 한다.

2. 모종 키우기

작물에 따라 발아율을 높이고 냉해 피해를 방지하기 위해 트레이나 포트에 씨앗을 심은 뒤 모종 크기로 육묘한 뒤 날씨가 풀리면 밭에 정식(아주심기)하는 경우도 있다.

3. 모종으로 키운 경우 날씨가 풀리면 밭두둑에 모종을 옮겨 심는다.

추위에 비교적 강한 작물은 텃밭에 바로 씨앗을 파종하고 흙을 얇게 덮어준다.

텃밭 작물 대량 재배

소량 재배의 경우 텃밭에 바로 씨앗을 뿌려 재배하는 경우가 많을 것이다. 그러나 싹이 나기 전에 쌀쌀한 봄 기온으로 냉해를 입으면 발아율이 현저하게 떨어진다. 발아 실패율을 최소화하고 냉해에 대처하려면 따뜻한 장소에서 모종으로 키운 뒤 텃밭에 옮겨 심는 것이 한층 유리한 방법이 된다.

1. 발아

트레이에 씨앗을 뿌린 뒤 흙을 살짝 덮어주고 햇빛이 잘 들어오는 따뜻한 장소에서 키운다. 트레이는 재활용 플라스틱 상자 따위를 사용하거나 규격 제품을 사용한다.

2. 육묘(키우기)

온실에서 육묘할 경우, 씨앗을 파종할 트레이(포트)는 모종 크기에 따라 격자형, 비닐 화분형에서 선택한다. 씨앗을 심은 뒤 떡잎을 제외한 본 잎이 2~5개 달릴 때까지 햇빛이 잘 들어오는 따뜻한 장소에서 육묘한다.

3. 정식(아주심기)

잎이 2~5개 달린 뒤, 밤 기온에 의해 냉해 피해가 없는 시기(보통 5월 초 전후)가 되면 텃밭에다가 옮겨 심는다.

텃밭 용어 – 이랑, 고랑, 두둑

1. 이랑

밭에서 농작물을 심는 곳을 말한다. 이랑의 너비는 보통 농작물의 크기에 맞게 정해지지만 이랑 위에 2줄이나 3줄로 심는 경우도 많다. 정해진 너비는 없지만 물을 많이 먹는 농작물의 경우에는 이랑의 폭을 좁게 만드는 것이 좋다.

2. 고랑

밭에서 빗물이 흐르는 배수로를 역할을 하는 동시에 농작물에 물을 대주는 역할뿐만 아니라 사람이 걸어 다니는 통로로도 사용한다. 직업 농가의 경우에는 농기계나 소를 이용해 고랑을 파지만 도시 농부는 농기계를 구매하지 않기 때문에 운동 삼아 삽으로 직접 판다.

3. 밭두둑

이랑과 고랑을 합쳐 밭두둑이라고 한다. 밭두둑은 밑거름을 주고 갈아엎은 뒤 만드는데 보통 농작물을 심기 10~20일 전에 만든다.

텃밭 작물 냉해 대책

열대 지방에서 들어온 땅콩 따위를 기를 때는 국내 기후에서는 피복 멀칭 재배를 해야 한다. 피복은 부드러운 질감의 검정 비닐로서 식물 재배용 피복 비닐을 사용하는데 냉해, 방풍, 진딧물, 잡초 예방 등의 다목적인 경우가 많다. 땅콩 피복 비닐은 봄에 깔지만, 중부의 추운 지방의 경우 가지, 고구마, 가을배추, 가을무, 가을대파 등을 재배할 때 밭을 멀칭한 뒤 재배하기도 한다.

1 부직포 멀칭
2 비닐 멀칭
3 비닐 멀칭 텃밭의 배추

1. 멀칭

목적에 맞는 피복 제품을 사용해 텃밭을 멀칭한다(덮어준다). 부직포 형태의 제품과 비닐 형태의 제품이 있는데 일반적으로 비닐 제품을 사용한다.

2. 심기

멀칭한 뒤 일정 간격으로 구멍을 낸 뒤 씨앗을 심거나 모종을 심는다. 참고로 피복 비닐이 없었던 과거에는 볏짚이나 낙엽으로 피복하였으므로 볏짚, 낙엽, 신문지 따위로 덮어주어도 냉해 방지 효과가 크다.

3. 성장

시간이 흐르면 피복 구멍에서 텃밭 식물이 자라는 것을 볼 수 있다. 추위가 풀리면 피복을 제거하기도 하지만 잡초 방지를 위해 계속 두는 경우도 있다.

밑거름 & 웃거름

관상용으로 재배하는 경우라면 굳이 거름(비료)을 줄 필요가 없지만 뿌리나 잎·열매를 식용할 목적이라면 반드시 거름을 주어야 원하는 크기, 원하는 만큼의 작물을 수확할 수 있다.

1. 밑거름(미리 주는 거름)

씨앗이나 모종을 심기 전 밭 전체에 공급하는 비료가 밑거름이다. 이 책에서 말하는 밑거름은 퇴비를 포함한 유기질 비료를 지칭하며 가급적 화학 비료의 사용을 권장하지 않는다. 흔히 퇴비라는 이름으로 불리는 판매용 비료가 있는데 퇴비에는 비료의 기본 3요소(질소, 인산, 칼륨)가 적당한 비율로 함유되어 있다.

소량 재배의 경우 밭두둑을 만들기 전에 퇴비를 밭 전체에 뿌린 뒤 밭을 10~50cm 깊이로 갈아엎고 이랑을 만들면 밑거름을 준 상태가 된다.

퇴비의 시비량은 3.3제곱미터(1평) 당 평균 4~5Kg을 준다. 토양 조건이 나쁘거나 양분을 많이 먹는 작물은 석회 성분이 포함된 복합비료를 퇴비에 추가한다.

상토로 재배하는 작물

1 배양토
2 원예용 상토
3 생강에 유기질 비료를 준 모습
4 유기질 성분의 퇴비

밭두둑은 보통 씨앗의 파종 전(모종을 심기 전)인 10~20일 전에 만들어야 한다.

트레이(포트)에서 싹을 발아시킬 때와 화분 같은 용기로 작물을 재배할 때는 좋은 밭흙을 구하는 것이 어려우므로 화원에서 판매하는 상토(배양토, 분갈이 흙)를 사용한다. 상토는 여러 가지 흙에 비료 성분이 혼합된 흙이므로 재배 초반 밑거름 없이 텃밭 작물을 발아시키고 모종으로 키울 때 유용하다.

배양토는 상토와 거의 같은 뜻이지만 비료 함량이 상토에 비해 적거나 비료 성분이 없는 경우도 있다. 따라서 화분 같은 용기로 작물을 재배할 때는 상토라는 글자가 있는 흙을 구입해 사용하고, 모종이 어느 정도 자라면 추가로 웃거름을 준다.

2. 웃거름(나중에 주는 거름)

모종을 이식한 뒤에 주는 거름, 즉 식물이 자라고 있을 때 식물의 생산성을 높이기 위해 공급하는 비료가 웃거름이다. 간혹 밑거름을 줄 경우 웃거름이 필요 없는 텃밭 작물도 있지만 대부분의 작물들이 밑거름과 웃거름을 필요로 한다. 웃거름 역시 퇴비형 비료를 사용하는 것이 좋지만 신속한 결과를 바란다면 복합비료나 화학비료를 준다. 그러나 화학비료를 너무 많이 쓰면 토양의 산성화가 빨라지므로 나중에 복구하는 비용이 더 들게 된다. 가정용 텃밭이라면 퇴비형 비료를 주거나 특정 비료 성분을 보강한 복합비료를 준다.

웃거름은 작물에 따라 주는 방법이 다른데 일반적으로 줄기 아래쪽에 주는 경우가 많다. 그러나 무처럼 포기와 포기 사이의 고랑에 비료를 주고 흙을 얇게 덮는 경우도 있다.

지주대와 유인줄

열매가 주렁주렁 달리는 작물과 덩굴 성질의 작물은 식물이 쓰러지거나 멋대로 자라는 것을 방지할 목적으로 지주대를 세운다. 지주대는 줄기가 올라올 때 식물체 옆에 꽂아 세운 뒤 줄기가 쓰러지는 것을 방지하기 위해 묶어준다. 덩굴손이 있는 덩굴 식물은 지주대와 유인줄을 설치해 덩굴이 뻗도록 유인줄로 유인한다.

1. 1대 1 지주대

식물체 한 그루당 1대 1로 세우는 지주대이다. 큰 열매가 열리는 토마토, 가지, 열매가 많이 달리는 고추, 방울토마토 등의 작물들이 쓰러지는 것을 방지하기 위해 1대 1 지주대를 사용한다. 지주대는 보통 작물의 높이에 맞게 1m 길이의 각목, 철근, 대나무, 파이프, 알루미늄 봉, 플라스틱 지주대를 사용한다.

1 알루미늄 지주대
2 철근과 대나무 혼합 지주대
3 그물형 지주대

2. 그물형 지주대

오이, 오미자 덩굴처럼 덩굴 속성이 있는 작물의 지주대는 조금 복잡한 그물 형태로 설치한다. 사진의 그물형 지주대는 오미자 밭의 굉장히 견고한 형태의 시설이다.

순따기 & 곁가지치기

열매 채소는 주기적으로 순따기(순자르기)와 곁가지치기를 해야 영양분의 쓸데없는 손실을 막을 수 있다. 잎으로 가야 할 영양분이 열매로 향하게 되므로 더욱 탐스러운 열매를 수확할 수 있다.

새로 올라온 어린잎 치기

1. 순따기(순지르기, 적심)

식물이 성장하고 있을 때 몇몇 새 순(어린잎이 올라오는 줄기, 혹은 생장점)을 제거해 식물의 웃자람을 막고 남아 있는 잎이나 열매로 영양 공급을 원활이 하는 것을 말한다.

순따기는 보통 원줄기 상단부를 따야 하지만 여러 잔가지의 상단부를 따는 경우도 있다. 또한 콩과 식물처럼 생장점이 가지가 갈라지는 부분의 마디에 있을 경우 새로 올라온 어린 잎 하단의 마디 상단을 잘라 순따기하는 경우도 있다.

순따기를 하면 어린잎으로 가야 할 영양분이 열매로 향하므로 열매의 품질이 아무래도 좋아진다.

2. 곁가지치기(곁순따기)

잔가지의 겨드랑이에서 비집고 올라오는 작은 가지가 곁가지이다. 곁가지를 잘라내면 곁가지로 가야 할 영양분이 잎이나 열매로 향하므로 더 좋은 품질의 열매를 수확할 수 있다.

북주기 & 김매기

1. 북주기(흙 쌓아주기)

북주기는 감자나 콩과 식물이 일정 이상으로 자랐을 때 지상에 노출된 뿌리 부분에 흙을 쌓아 햇빛에 노출되지 않도록 하는 작업인 동시에 식물체가 비바람

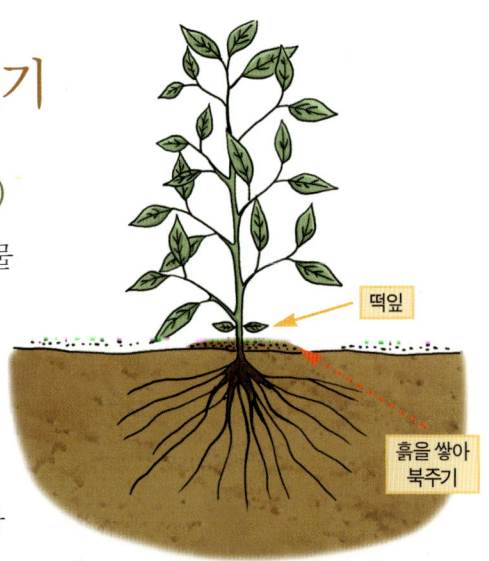

에 쓰러지는 것을 방지할 목적으로 한다.

  보통 떡잎을 제외한 본 잎이 2~4장 일 때 주변 흙을 긁어모아 줄기 아래쪽에 쌓는 방식으로 1차 북주기를 하고, 본 잎이 5~6장일 때 2차 북주기를 한다.

  북주기는 일반적으로 떡잎 아래쪽까지 흙을 쌓아주는 방식으로 하지만 땅콩처럼 꽃이 있는 부분까지 흙을 덮어주는 경우도 있다.

2. 김매기(잡초 제거하기)

잡초를 뽑아 정리한다.

  작물 사이에서 자라는 잡초를 뽑아내고 호미로 흙을 긁어 부드럽게 하는 작업이 김매기이다. 뽑아낸 잡초는 한쪽에 모아 두거나 태워 버린다. 잡초를 제거하지 않으면 땅 속 영양분을 텃밭 작물과 잡초가 나눠먹는 형국이기 때문에 작물의 성장이 불량해진다. 따라서 모든 식용 작물은 기본적으로 잡초와의 전쟁인 김매기를 해야 한다.

솎아내기(솎음)

솎아내기는 줄뿌림이나 점뿌림 등으로 종자를 인접 파종한 경우에 한다. 인접해서 자라는 작물은 서로 생존 경쟁을 하게 되므로 발아 후 본 잎이 2~4장 달렸을 때 상대적으로 부실하게 자라는 모종을 뽑아 버리고, 포기 사이의 간격을 넓히는 작업을 솎아내기라고 한다.

비슷한 위치에서 올라온 두 작물

예를 들어 콩을 파종할 때는 발아하지 않을 경우를 대비하여 한 구멍에 보통 2~3개의 종자를 파종한다. 이때 2~3개의 종자가 모두 발아에 성공하면 한 구멍(같은 위치)에서 2~3포기 작물이 자라게 되므로 그 가운데 튼튼하게 자라는 작물과 열성적으로 자라는 작물이 생긴다. 열성적으로 자라는 포기는 뿌리채 뽑아서 제거하는 작업이 솎음 작업 또는 솎아내기라고 한다.

부실한 작물을 솎아내는 모습

만일 솎아내야 할 작물의 생육 상태가 좋다면 뽑아서 없애지 말고 다른 위치로 옮겨 심는 것이 좋다.

솎아내기 작업은 작물의 성격에 따라 1~3차에 걸쳐 하는데 그 결과 작물들의 재식 간격이 점점 넓어지면서 영양분 다툼을 하지 않고 잘 자라게 된다.

텃밭 작물 수경 재배

　아파트에서 생활하는 사람들이 많아지면서 수경 재배를 하는 가정도 늘어났다. 텃밭 작물 중에서 수경 재배가 잘 되는 작물은 잎 채소 작물과 열매 채소 작물이다. 특히 상추 등의 잎을 식용하는 채소 작물은 발아에 필요한 온도 조건과 햇빛 조건이 맞으면 노지에서 키우는 것 못지않게 수경 재배가 잘 된다. 이와 달리 수경 재배가 안 되는 작물로는 뿌리를 식용하는 알뿌리 작물이 있다. 알뿌리 작물 역시 수경 재배가 가능하지만 뿌리의 발육 상태가 좋지 않기 때문에 수확보다는 관상 목적에 알맞다.
　가정에서 수경 재배를 하려면 씨앗 발아용 스펀지와 수경 재배 장치가 필요하다. 수경 재배 준비물은 다음과 같은 것이 있다.

1. 스폰지

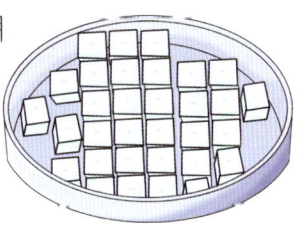

　쟁반에 작은 크기로 사른 스폰지를 올려놓고 스폰지 가운데를 +자 모양이나 － 모양으로 구멍을 낸다. 구멍당 종자 1립씩 넣는다. 스폰지가 없을 경우 티슈를 깔고 그 위에 종자를 여러 개 올려놓는다.

2. 물 공급

　수돗물, 냇물 등을 사용하데 차가운 물의 사용은 피하고 미리 받아 놓은 물을 사용한다.

쟁반에 맹물을 넣어 스폰지가 빨아들이도록 한다. 씨앗 발아는 씨앗 자체의 영양분으로도 발아할 수 있기 때문에 보통 맹물을 사용한다.

3. 발아온도

모든 씨앗은 발아를 할 때 그에 필요한 적정 온도가 있다. 물론 가정에서는 식물마다의 적정 발아 온도를 잘 모를 것이다.

그 경우 씨앗을 뿌리는 계절을 생각해 보라. 4월 중순에 파종하는 식물이라면 베란다 온도를 4월 중순 평균 기온(약 15도 내외)에 맞게 유지하면 베란다에서도 씨앗이 발아를 하게 된다.

4. 발아 후 영양분 공급

싹이 올라오면 이미 씨앗에 있는 영양분을 다 소비한 상태이기 때문에 이 때부터 거름이 필요하다. 거름으로 사용할 배양액을 물에 희석하여 공급한다. 배양액의 희석 비율과 배양액을 주는 간격은 해당 배양액의 설명서를 참고한다. 일반적으로 2~7일에 한두 번 배양액을 주는데, 식물의 영양 상태를 보아 가며 희석 비율을 높이거나 낮춘다.

5. 수경 재배수조

수경 재배 수조는 원예 상가에서 구입하거나 가정에서 제작해 사용한다. 가정에서 제작할 경우 플라스틱 용기 뚜껑으로 스티로폼을 사용한다. 스티로폼에 모종을 꽂을 수 있도록 구멍을 내면 된다. 스티로폼 뚜껑이 없을 경우 모종용 작은 화분 여러 개를 수조 위에 고정시켜서 사용할 수도 있다.

6. 아주 심기

본 잎이 2~5개 달리면 수경 재배 수조에 옮기거나 화분, 베란다, 노지 텃밭 중 하나를 선택해 옮겨 심는다. 수경 재배로 키우려면 거실 밝은 곳이나 베란다에 수경 재배 수조를 꾸미는 것이 좋다. 수경 재배용기에 물을 채우고 모종의 뿌리가 닿도록 한다. 이 때 물고기용 에어 펌프를 설치하는 것이 좋다.

에어펌프

7. 수경 재배 배양액 공급

수경 재배수조에서 키우는 상추

배양액은 비료 같은 식물 영양분이 농축된 액체이다. 포장지에 표기되어 있는 해당 배양액의 사용법을 참고해 물에 희석하여 1주일에 한두 번 수경 재배 용기에 거름 주듯 공급한다. 배양액은 종묘상이나 인터넷을 통해 쉽게 구할 수 있다. 물에 녹여 사용하는 분말형 비료도 있으므로 액체형과 분말형 중 원하는 것을 구입한다.

텃밭 기초 29

잎 채소 텃밭 작물

아욱 유채(하루나)
시금치 갓
근대 고들빼기
미나리 부추
쑥갓 파 & 쪽파
상추(치마상추) & 비름
포기상추(결구상추) 돌나물(돈나물)
배추 고사리

마늘보다 으뜸인
아욱

아욱과 한해살이풀 *Malva verticillata* 꽃 : 6~7월 높이 : 60~170cm

월별 재배 일지	1	2	3	4	5	6	7	8	9	10	11	12
씨뿌리기				■	■			■	■			
아주심기												
솎아내기					■				■			
밑거름 & 웃거름			■									
수확하기						■	■		■	■		

꽃

　동아시아 온대와 아열대 지방에 자생하는 아욱은 국내에서 아욱국으로 유명하다. 영어로는 Chinese Mallow라고 불릴 정도로 중국에서 오랫동안 재배해 왔다. 기록에 따르면 한나라(중국의 BC 202~

전초

AD 220) 때부터 아욱을 재배해 왔고 국내에는 고려시대 이전에 전래된 것으로 추정된다.

중국의 가장 오래된 의학서인 황제내경(黃帝內經)에서는 아욱, 산달래, 마늘, 양파, 콩잎을 오채라고 하였는데 그 중 으뜸을 아욱이라고 하였으니 식용 및 약효 면에서도 마늘을 능가한 것으로 보인다.

아욱의 줄기는 높이 1.7m까지 자라지만 국내 환경에서는 60~90cm 내외로 자란다. 어

1 잎
2 수확한 잎
3 용기에서 키우는 아욱

 굿난 잎은 긴 잎자루가 있고 원형에 가까운 모양으로서 가장자리는 5~7개로 갈라지고 톱니가 있다. 잎의 크기는 너비 15cm 이상으로 자랄 때도 있다.

 6~7월에 잎겨드랑이에서 꽃대가 올라온 뒤 흰색에 가까운 연한 분홍색 꽃이 개화한다. 꽃의 지름은 1cm 내외, 꽃잎은 5개, 꽃잎의 끝이 패여 있다. 하나로 뭉친 수술에서 가느다란 수술대가 10개씩 올라온다. 둥글납작한 열매는 꽃이 핀 1~2개월 뒤면 익는다.

 우리나라에서의 아욱은 겨울을 제외한 연중 재배가 가능하기 때문에 단기적 소득을 올리기 위해 농가 마당, 밭 한 귀퉁이에도 짬짬이 재배하는데 그만큼 토양을 가리지 않고 잘 자란다.

식용 방법
주로 어린잎과 부드러운 잎을 수확해 아욱 된장국으로 먹는다. 어린잎은 샐러드로 먹는다. 야들야들한 잎은 상추 대용으로 식용한다. 미성숙 씨앗은 상쾌한 견과류 풍미가 있지만 깨알 같은 크기 때문에 수확하는 데 애를 먹는다. 수확한 미성숙 씨앗은 샐러드로 먹는다.

약용 및 효능
종자를 6~15g 단위로 달여서 복용하면 소화, 이뇨, 모유 분비 촉진, 임질, 신장 질환에 효능이 있다. 뿌리는 백일해, 해열, 임질에 달여 먹거나 즙을 내어 먹는다. 뿌리 즙은 벌레 물린 상처에 효능이 있다. 잎은 해열, 심한 설사, 해수, 황달, 칼에 베인 상처에 30g 단위로 달여 먹는다.

재배 환경
용기 재배
수경(양액) 재배
베란다 텃밭
노지(옥상) 텃밭

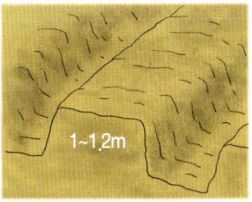

토양 준비하기
토양을 가리지 않지만 비옥하고 습한 땅을 좋아한다. 이랑 너비는 1~1.2m 정도가 적당하다.

1~1.2m

골을 낸 뒤 줄뿌림 파종

씨앗으로 재배하기
4~5월 또는 8월 중순~9월 중순 사이에 30cm 간격으로 골을 낸 뒤 줄뿌림으로 파종하고 흙을 얇게 덮어준다. 골은 호미로 내거나 판자 옆면으로 낼 수 있다. 골을 내지 않고 흩어뿌림으로 파종한 뒤 흙을 얇게 덮어도 된다.

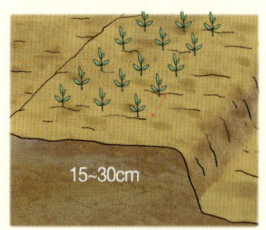

재식 간격 지키기
모종으로 심을 경우 상하 간격은 15~30cm가 적당하다. 날씨가 풀린 뒤 파종하므로 모종으로 심을 필요 없이 솎아내기를 하면서 포기 간격을 만들어 준다.

재배 관리하기
수분은 토양이 건조하지 않도록 촉촉하게 관수한다. 1~2회 솎음을 하여 상태가 나쁜 포기는 뽑아내고, 상태가 좋은 포기를 옮겨 심는 방식으로 포기 간격을 가로 30cm, 세로 15~30cm로 만들어 준다.

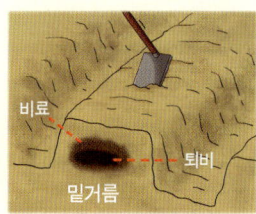

비료 준비하기
밭을 준비할 때는 파종 10~20일 전 밑거름으로 퇴비를 많이 주고 한번 갈아엎어서 밭두둑을 만든다.
웃거름은 아욱이 자라는 모습을 봐 가면서 필요한 경우 추가한다.

수확하기
파종 30~35일 뒤부터 어린잎과 줄기를 수확한다. 수확할 때 30% 남기면서 수확하고 잎이 다시 올라오면 추후에 추가 수확한다.

그 외 파종 정보 & 병충해
아욱은 비교적 병충해에 강하지만 때때로 병충해가 발생하면 해당 잎을 제거한다. 아욱은 수경 재배로도 매우 잘 자라기 때문에 배양액을 구입해 물에 희석시켜 수경 재배로 키울 만하다.

비타민 A가 풍부한
시금치

명아주과 한/두해살이풀 *Spinacia oleracea* 꽃 : 5월 높이 : 50cm

월별 재배 일지	1	2	3	4	5	6	7	8	9	10	11	12
씨뿌리기				■	■	■	■	■	■	■		
아주심기												
솎아내기					■			■	■			
밑거름 & 웃거름			■		■			■				
수확하기				■	■	■	■	■	■	■	■	

플라스틱 용기로 키우는 시금치

　원산지는 서남아시아와 중앙아시아 일원이다. 고대 페르시아 왕국에서 주로 먹었던 시금치는 인도를 경유하여 7세기경 중국에 전래되었고 9세기경에는 이탈리아로 전래되었다. 그런 뒤 13~16세기 사이

에 유럽 전역에 알려진 시금치는 프랑스 여왕인 캐서린 드 메디치가 즐겨 먹은 것으로 유명하다. 그녀는 시금치를 너무 좋아한 나머지 모든 음식에 시금치를 대령하라고 요리사에게 요구했다고도 한다.

현재 시금치의 최대 생산국은 전세계 시금치의 85%를 출하하는 중국이고, 그 외에 시금치를 다량 재배하는 국가는 미국, 일본, 아랍, 프랑스, 이탈리아, 우리나라 등이 있다.

뽀빠이가 시금치 통조림을 먹고 힘이 세지는 이유는 시금치에 함유된 철분 때문인데 사실 시금치의 철분 함량은 일반 야채와 비슷하다고 한다. 만화 원작자가 뽀빠이의 에너지원으로 시금치를 선택한 것은 일종의 프로모

1 전초
2 새싹
3 잎
4 꽃

션 성격도 있었지만 1870년경 독일의 과학자가 내놓은 시금치에 대한 성분 분석표 때문이라고 한다.

당시 독일의 과학자가 발표한 성분 분석표에는 시금치의 철분 함량을 소수점을 잘못 찍는 바람에 10배 높게 작성했다고 한다. 어쨌거나 만화 주인공 뽀빠이의 영향 때문에 미국에서이 시금치 소비량은 매년 급속도로 늘었다고 한다.

시금치의 줄기는 30~50cm 내외이고, 꽃은 암수딴그루이다. 시금치의 꽃은 3월 중순에 파종하면 보통 5월에 볼 수 있다. 꽃은 명아주 꽃과 비슷한 모양이므로 쉽게 눈에 들어오지 않는다.

잎은 꽃이 피기 전의 어린 잎을 수확해야 하며 시기를 놓치면 질기고 맛이 떨어진다.

식용 방법
시금치 된장국이나 시금치 나물로 먹는다. 인도에서는 치즈나 빵에 넣어 먹는다. 이유식이나 수프에 넣어 먹기도 한다. 발아 씨앗은 샐러드로 먹을 수 있고 어린 싹은 싹채소로 먹는다. 시금치의 잎에는 약간의 옥살산 성분이 함유되어 있지만 몸에 영향을 줄 정도는 아니다. 단, 관절염 같은 통풍 환자나 신장결석 환자는 과다 섭취를 피한다.

약용 및 효능
싱싱한 시금치 100g은 단백질 2.2g, 탄수화물 3.6g, 칼슘 99mg, 인 34mg, 철 2.5mg, 카로틴 2.9mg, 비타민 A 9400 IU, 엽산 194 ㎍, 비타민 C 30mg이 함유되어 있다. 건조시킨 시금치는 영양 성분이 각 영양소별로 최소 2~10배 정도 높아지므로 건조시킨 잎을 분말화하여 약용한다. 해열, 요로결석, 혈변, 괴혈병 등에 효능이 있고 당뇨 환자의 혈당 수치를 낮춘다.

재배 환경
용기 재배
수경(양액) 재배
베란다 텃밭
노지(옥상) 텃밭

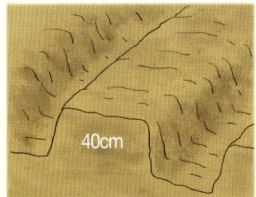

토양 준비하기
비옥한 토양을 좋아한다. 이랑 너비는 40cm 정도로 준비한다.

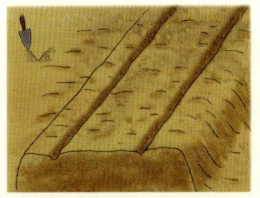
골을 낸 뒤 줄뿌림으로 파종한다.

씨앗으로 재배하기
호미나 모종삽, 판자 등으로 이랑에 2~3줄의 골을 낸 뒤 씨앗을 파종하고 흙을 얇게 덮는다. 중부지방 기준 봄 재배는 4~5월, 여름·가을 재배는 6~10월에 줄뿌림으로 파종한다. 남부지방은 한 달 정도 앞당겨 파종한다.

재식 간격 지키기
시금치는 추위에 강하므로 모종보다는 파종으로 재배한다. 재식 간격은 20×20cm로 한다.

재배 관리하기
싹이 올라온 뒤 일주일 뒤 상태가 나쁜 모종은 1차로 솎아내면서 줄 간격을 얼추 맞춘다. 다시 일주일 뒤 2차로 솎아내면서 포기와 포기 사이의 재식 간격을 전체적으로 20×20cm 간격으로 맞춘다.

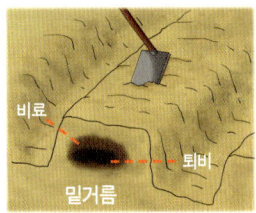

비료 준비하기
파종 10~20일 전 밑거름으로 퇴비를 풍부히 준 뒤 밭을 갈아엎어 밭두둑을 만든다. 필요하면 복합비료도 섞는다.

수확하기
파종한 뒤 30~40일 지나면 수확한다. 중간에 솎아낸 시금치는 나물로 먹는다. 꽃이 핀 이후의 시금치는 맛이 없으므로 꽃이 피기 전에 수확해야 한다.

그 외 파종 정보 & 병충해
시금치 종자를 베노람 800배 액에 5시간 담근 후 파종하면 초기 병원균에 시금치가 고사하지 않는다. 소독 방법을 모를 경우에는 가급적 종자 소독 된 씨앗을 구입해 파종한다. 여름 파종시에 시금치는 고온에서 발아가 안 되므로 흐르는 물에 24시간 담갔다가 파종한다. 그 외에 시금치 병충해는 발생 즉시 관련 약제로 방제한다.

아욱국보다 더 맛있는
근대

명아주과 한해살이풀 *Beta vulgaris* 꽃 : 6월 높이 : 1m

월별 재배 일지	1	2	3	4	5	6	7	8	9	10	11	12
씨뿌리기				봄 재배			여름		가을 재배			
아주심기												
솎아내기				■ ■			■ ■		■ ■			
밑거름 & 웃거름			■		■		■		■			
수확하기					━━━			━━━		━━━		

청경근대(줄기가 녹색인 근대)

　국내에서는 된장국용 잎 채소로 알려져 있지만 사실 이 식물은 남유럽에서 여러 세기 동안 개량된 식물로서 지금도 지중해 연안 국가에서 지중해풍 요리나 아랍풍 요리를 할 때 즐겨 사용하는 채소이다.
　근대의 조상은 지중해 바닷가에서 자생하는 씨-비트(Beta

1 근대 잎
2 백경근대
3 근대

vulgaris maritima)로 추정되는데 씨-비트는 비트(사탕무)와 비슷하기 때문에 주로 뿌리만 식용할 수 있었고, 뿌리만 먹었던 씨-비트의 잎을 먹을 수 있도록 개량한 것이 근대이다. 이렇게 탄생한 근대는 시금치보다 맛이 좋기 때문에 지중해 연안 국가에서는 시금치와 달리 더 인기가 많다.

근대는 붉은 줄기 품종과 녹색 줄기 품종 등으로 다시 나누어진다. 국내에서도 줄기 색상에 따라 적근대, 청근대, 황근대, 백근대라는 다양한 이름으로 유통되고 있다.

근대의 줄기는 높이 1m 내외로 자란다. 뿌리에서 올라온 잎은 달걀 모양이거나 긴 타원형이고, 줄기잎은 긴 타원형이고 끝이 뾰족하다. 잎은 전체적으로 두꺼워 보이지만 만지면 매우 부드럽다.

6월이 되면 포 겨드랑이에서 작은 꽃들이 덩어리를 이루는데 꽃의 색상은 황록색이고 전체적으로 원추 모양을 이룬다. 꽃에는 5개의 수술과 2~3개의 암술대가 있다.

식용 방법
근대 잎은 날것으로 먹으면 약간 쓴 맛이 돌지만 된장국으로 끓이면 부드러운 식감의 근대 된장국이 된다. 어린잎은 아랍 요리와 지중해풍 요리에서 샐러드로 사용하고, 성숙한 잎은 이들 국가에서도 다양하게 조리해 먹는다. 줄기와 꽃은 브로콜리처럼 조리할 수 있다. 근대에는 시금치처럼 옥살산 성분이 약간 함유되어 있으므로 통풍 환자와 신장결석 환자는 과다 섭취를 피한다.

약용 및 효능
근대는 비트(사탕무)의 약용 기록을 참고삼아 약용할 수 있다. 유럽과 아프리카의 민간에서는 비트 종자를 달여 장내 종양·치질 등을 치료하였고, 비트 잎을 달이거나 즙을 내어 생식기 종양이나 각종 궤양에 발랐다. 비트의 경우 여러 가지 암 예방에 효능이 있기 때문에 근대에도 그와 비슷한 성분이 있을 것으로 추정한다.

재배 환경
용기 재배
수경(양액) 재배
베란다 텃밭
노지(옥상) 텃밭

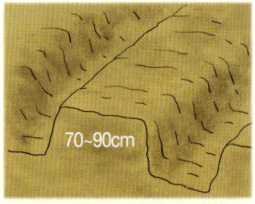
70~90cm

토양 준비하기
근대는 토양을 가리지 않고 잘 자란다. 이랑 너비는 70~90cm 간격으로 준비한다.

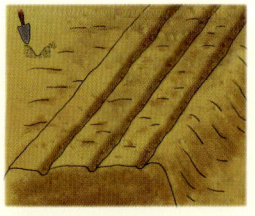
골을 낸 뒤 줄뿌림

씨앗으로 재배하기
4~5월, 7월, 9~10월에 줄뿌림으로 파종한다. 4월에 파종할 경우, 트레이에 파종 후 육모한 뒤 텃밭에 아주 심는다. 5월, 7월, 9~10월 파종은 텃밭에 바로 파종한다.

잎이 3~4장일 때 아주심기

모종으로 재배하기
4월 초, 트레이에 육묘한 경우 씨앗을 뿌린 후 20여 일 지나 잎이 3~4장일 때 텃밭에 아주 심는다. 재식 간격은 30x20cm로 한다.

상태가 나쁜 모종 솎아내기
상태 좋은 모종으로 옮겨심기

재배 관리하기
싹이 올라오면 2~3회 솎아내면서 30x20cm 간격이 되도록 한다. 매회 솎아낸 잎은 된장국으로 먹는다.

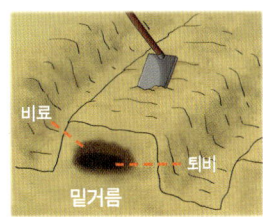

비료 준비하기
파종 또는 모종으로 심기 10~20일 전에 밑거름을 준 뒤 밭을 갈아엎어 밭두둑을 만든다. 웃거름은 잎이 노랗게 변할 때 등 필요한 경우에 준다.

수확하기
봄 재배의 경우 파종 후 20일 전후부터 수확하되 본격적인 수확은 파종 후 50여 일 지난 뒤부터 한다. 하단의 손바닥 크기로 자란 잎부터 수확하고 상단 잎은 계속 키운다. 봄 재배의 경우 보통 90일 동안 수확해 식용한다.

그 외 파종 정보 & 병충해
종자 소독된 씨앗을 구입해 파종하면 별다른 병이 발생하지 않는다. 장마철 전후에 반점이 생기면서 증세가 악화되면 해당 포기를 뽑아 제거한다.

밭미나리 기르기
미나리

산형과 여러해살이풀 *Oenanthe javanica* 꽃 : 7~9월 높이 : 30cm

월별 재배 일지	1	2	3	4	5	6	7	8	9	10	11	12
씨뿌리기				▬		▬		▬				
아주심기												
솎아내기					▬		▬		▬			
밑거름 & 웃거름				▬	▬		▬					
수확하기						▬	▬		▬			

꽃

46 초보 농부의 텃밭 식물 도감

1 미나리 잎
2 비닐하우스형 미나리밭
3 남부지방의 물미나리밭
4 화단에 파종한 미나리

   미나리는 우리나라, 동남아시아, 호주에 분포한다. 식물체에 캐러웨이 허브처럼 알레르기를 유발하는 'Psychotroph' myristicine 성분이 있지만 특유의 향 때문에 우리나라와 중국, 일본, 동남아시아에서 즐겨 먹고 유럽에서는 이탈리아가 미나리를 많이 먹는다.

   우리나라의 야생 미나리는 대개 농촌의 논두렁이나 습지에서 자생하는데 이처럼 야생에서 자라는 미나리는 '돌미나리' 라고 부른다. 요즘은 야생 미나리를 구하기 어렵기 때문에 밭이나 비닐하우스에서 재배를 하고, 판매할 때 '돌미나리' 라고 말한다. 시장에서 흔히 볼 수 있는 미나리는 논에서 재배한 '물미나리' 이다.

   미나리의 줄기는 높이 30cm 내외로 자란다. 어긋난 잎은 삼각형 모양이고 잎의 가장자리가 1~2회 깃꼴겹잎으로 갈라진다. 잎자루는 길고 잎자루 밑에는 잎집이 있다.

   꽃은 7~9월에 잎과 마주난 방향에서 겹우산 모양으로 달린다. 작은 꽃은 10~25개씩 우산 모양으로 모여달리고, 이 그룹이 다시 5~15씩 우산 모양을 이루므로 겹우산 모양이 된다. 각각의 작은 꽃에는 5개의 꽃잎, 5개의 수술이 있다. 타원형 열매는 9월에 익는다.

식용 방법
어린잎과 줄기, 어린싹, 씨앗을 식용한다. 어린잎은 각종 국물 요리에 향미 채소로 넣거나 메밀묵 무침에 넣는 재료가 되고, 생미나리를 무침으로 먹는다. 일본에서는 미나리 뿌리를 조리해 먹지만 독성이 있을 수 있으므로 소량 섭취를 하는 것이 좋다.

약용 및 효능
건조시킨 잎과 줄기를 달여서 약용하면 해열, 종기, 황달, 임질, 대하, 신경통, 유행성감기, 혈뇨에 효능이 있다. 건조시킨 잎 100g에는 단백질 20g, 섬유 12.8g, 회분 15g, 칼슘 1202mg, 인 585mg, 철 32mg, 칼륨 4713mg과 비타민 A, B, C가 함유되어 있고 정유 성분과 여러 종류의 아미노산이 함유되어 있다.

재배 환경
용기 재배
수경(양액) 재배
베란다 텃밭
노지(옥상) 텃밭

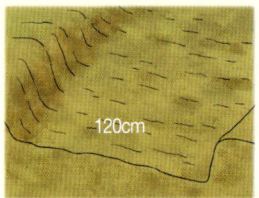

토양 준비하기
점질 토양이나 물빠짐이 좋은 모래 토양에서 자란다. 미나리는 수분을 많이 필요로 하기 때문에 밭에 물을 가두어야 한다. 다른 텃밭과 달리 이랑을 낮게 만들고 고랑을 높게 만들면 물을 가둘 수 있다. 이랑 너비는 120m, 고랑에 비해 20~30cm 밑으로 판다.

흩어뿌림이나 줄뿌림으로 파종한다.

씨앗으로 파종하기
3월 말, 6월 초, 8월 말에 흩어뿌림 등으로 파종한 뒤 흙은 덮지 않는다. 하지만 씨앗을 구하기가 어렵기 때문에 가정에서는 씨앗 파종보다는 옮겨심기를 하는데, 들판에서 자라는 미나리나 시장에서 판매하는 뿌리 달린 미나리를 옮겨 물을 채운 텃밭에 심는다.

모종으로 재배하기

모종으로 재배할 경우 위의 파종 날짜보다 1개월 전에 트레이에 파종한 뒤 노지 파종 날짜에 맞게 텃밭에 아주 심는다. 뿌리가 달린 시장 미나리를 구입해 잎과 줄기는 먹고 뿌리를 아주 심거나 수경 재배 해도 아주 잘 자란다. 재식 간격은 20×10cm로 한다.

재배 관리하기

싹이 난 후 15일 전후에 솎음을 한다. 물은 가둘 정도로 충분히 주되 5~20cm 높이가 적당하다.

비료 준비하기

밭두둑을 만들기 10~20일 전에 밑거름(퇴비+복합비료)을 충분히 주고 밭두둑을 만든다. 대량 재배는 밭에 물을 채운 뒤 줄기를 잘라 뿌리기도 하지만 가정의 소량 재배는 모종을 심고 물을 채운다. 물이 고이지 않고 잘 빠지면 땅 속에 비닐을 깔고 밭두둑을 만든다.

수확하기

잎의 길이가 30cm로 자라면 수확한다. 잎이 더 길면 비바람에 쓰러질 수 있다.

그 외 파종 정보 & 병충해

균핵병, 바이러스병, 반점고사병, 진딧물 등이 발생하면 그에 알맞게 방제한다. 가정에서 키울 경우 수경 재배를 하되 미나리단을 구입한 뒤 아래쪽 뿌리를 수경 재배로 심어도 번식이 아주 잘 된다.

수경 재배로 딱 좋은
쑥갓

국화과 한/두해살이풀 *Chrysanthemum coronarium* 꽃 : 5월 높이 : 1m

월별 재배 일지	1	2	3	4	5	6	7	8	9	10	11	12
씨뿌리기												
아주심기												
솎아내기												
밑거름 & 웃거름												
수확하기												

꽃

    남유럽과 동아시아가 원산지인 쑥갓은 각종 생선찌개에 넣어 먹는 향미 채소로 유명하다. 세계적으로 쑥갓을 먹는 나라는 아시아에 몰려 있는데 대표적인 나라로는 우리나라와 대만, 홍콩, 중국, 일본 등

1 잎
2 전초
3 쑥갓

종자

이 있고 유럽에서는 그리스 요리에서 쑥갓이 사용된다.

쑥갓의 줄기는 높이 1m 내외로 자라지만 식용용으로 키울 때는 30~60cm 내외로 자라고 줄기에는 털이 없다. 어긋난 잎은 잎자루가 없고, 2회 깃꼴로 갈라진 뒤 갈라진 잎은 다시 잘게 갈라진다. 잎에서는 특유의 쑥갓 향이 풍긴다. 일반적으로 식용 쑥갓은 꽃이 피기 전의 줄기와 잎을 수확해 먹는 것을 말한다.

원산지에서의 쑥갓은 여름에 꽃이 피지만 국내에서 재배하는 쑥갓은 보통 5월에 핀다. 꽃은 줄기 끝이나 가지 끝에서 황백색으로 피고 꽃의 지름은 3cm 내외, 꽃의 모양이 특이하기 때문에 쉽게 알아볼 수 있다.

쑥갓의 열매는 길이 2.5mm 정도의 삼각기둥이나 사각기둥 모양이다.

잎 채소 텃밭 작물 51

식용 방법
쑥갓의 어린 싹, 어린 줄기, 어린잎을 식용한다. 날것으로 먹거나 각종 생선찌개의 향미 채소로 사용하거나 나물을 무쳐 먹는다. 꽃을 식용할 경우 관상화(쑥갓 꽃의 중앙부) 부분이 매우 쓰기 때문에 보통 혀꽃(쑥갓의 꽃잎으로 보이는 부분)만 떼어내 샐러드로 식용한다.

약용 및 효능
잎을 데쳐서 약용한다. 거담, 식욕부진, 속쓰림 같은 위통 증세에 효능이 있다. 외국의 민간에서는 후추와 함께 사용하여 임질 치료에, 줄기 껍질은 매독 치료에 사용하였다. 잎, 줄기, 뿌리는 항산화 물질이 함유되어 있지만 약간의 다이옥신 성분이 있으므로 과다 식용하지 않는다. 건조 쑥갓 100g은 292칼로리, 탄수화물 50.8g, 섬유질 13.8g, 회분 16.9g, 칼슘 969mg, 인 523mg, 철 38.5mg, 나트륨 1631mg, 칼륨 3938mg, 비타민 A 49mg, 티아민 1.38mg, 리보플라빈 2.92mg, 니아신 9.23mg, 비타민 C 415mg이 함유되어 있다.

재배 환경
용기 재배
수경(양액) 재배
베란다 텃밭
노지(옥상) 텃밭

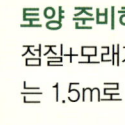
토양 준비하기
점질+모래가 섞인 토양에서 잘 자란다. 이랑 너비는 1.5m로 준비한다.

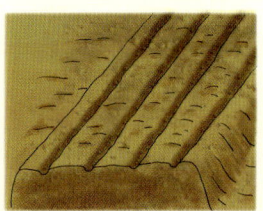
씨앗으로 파종하기
3~10월 사이에 30cm 간격으로 골을 낸 뒤 줄뿌림으로 파종하고 흙을 슬쩍 덮어준다.

골을 낸 뒤 줄뿌림

재식 간격 지키기
특성상 노동력 투입이 심하므로 모종보다는 노지 파종을 권장한다. 재식 간격은 30x15cm 정도가 좋다.

재배 관리하기
잎이 2~3개 달리면 1차 솎아내고, 다시 잎이 더 달리면 2, 3차 솎아내기를 하면서 30x15cm 간격으로 만들어준다.

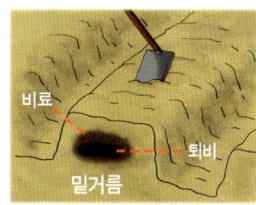

비료 준비하기
파종 10~20일 전 밑거름을 충분히 주고 밭을 갈아 엎은 뒤 밭두둑을 만든다. 웃거름은 별도로 주지 않는다.

수확하기
봄 재배는 파종 후 평균 40일 전후에 수확하고, 가을 재배는 파종 후 50일 전후에 수확한다. 잎의 길이가 15cm 이상 자라면 수확이 가능하고, 1차 수확 때 잎을 서너 개 남겨두면 다시 잎이 자라므로 2차 수확을 할 수 있다.

그 외 파종 정보 & 병충해
다른 채소 작물에 비해 병충해가 잘 발생하지 않는다. 텃밭에서 재배할 경우 2차 수확까지 하지만 가정에서 용기나 수경 재배로 키울 경우에는 봄에 파종한 뒤 가을까지 수시로 수확해 먹을 수 있다.

국화과 식물인
상추(치마상추) &
포기상추(결구상추)

국화과 한/두해살이풀 *Lactuca sativa* 꽃 : 6~7월 높이 : 1m

월별 재배 일지	1	2	3	4	5	6	7	8	9	10	11	12
육묘하기				▭				▭				
아주심기					▭				▭			
솎아내기												
밑거름 & 웃거름				▭				▭				
수확하기						▭			▭			

청치마상추 꽃

1 상추 꽃
2 청치마상추

　유럽 원산의 상추는 우리나라는 물론 유럽에서도 샐러드로 흔히 먹는 잎 채소이다. BC 3천 년경 이집트에서 재배를 시작한 상추는 AD 50년경 로마에서 품종 분류가 시작되었지만 이 무렵 중국의 문헌에서 상추가 등장한 것으로 보아 중국에는 그 이전에 전래된 것으로 보인다. 그 후 상추는 신대륙 발견 후 유럽에서 신대륙에 전래되어 세계적으로 인기 있는 샐러드용 잎 채소로 탄생을 한다.
　상추의 조상에 대해서는 이견이 분분한데 보통은 야생에서 자라는 L. serriola 종을 상추의 조상으로 추정하고 있다. L. serriola 종에서 파생되어 수많은 상추 변이종이 탄생했다는 것이다. 지금의 상추는 전 세계에서 선호하는 샐러드 식물이지만 잎의 색상과 질감이 매우 다양할 뿐 아니라 개량 품종이 많으므로 선호하는 상추가 국가별로 다르다. 예를 들어 로메인상추는 로마인이 즐겨먹었던 상추라는 뜻에서 이름 붙은 상추로서 맛이 더 좋은 편이다.

　상추의 줄기는 1m로 자라고 뿌리에서 올라온 잎은 타원형이다. 꽃은 6~7월에 두상화서로 피는데 꽃의 모양은 국화꽃 모양이고 일반적으로 노란색이다. 잎은 꽃이 피기 전 어린잎을 수확해야 하며, 꽃이 핀 후의 잎은 쓴 맛 같은 독성이 있으므로 식용하지 않는다. 흔한 상추 농사는 상추 꽃이 필 무렵이면 상추 농사가 끝난 것으로 보고 뿌리째 뽑아 뒷정리를 한다.

　상추는 필요할 때 잎을 수확하는 상추와 포기 째 수확하는 상추로 나누어진다. 잎을 수확하는 상추는 치마상추 품종인데 종자 포장지에 '치마상추'라는 글자가 있으므로 쉽게 알아볼 수 있다. 로메인상추와 양상추는 포기상추(결구상추)라고 하여 포기를 수확하는 상추이다. 포기상추는 어느 정도 성장했을 때 수확하며, 먹는 방법은 일반 상추처럼 쌈채소로 먹기도 하지만 보통은 샐러드로 먹는다.

　상추는 텃밭 식물로도 안성맞춤이지만 수경 재배용으로 오히려 더 좋다. 상추의 수경 재배는 끼니마다 즉석에서 잎을 수확할 수 있는 치마상추 종류를 재배하는 것이 좋다. 상추의 수경 재배는 비료 성분이 함유된 배양액(양액)을 수돗물이나 냇물, 생수 등에 희석시켜 평균

상추 씨앗

3 적치마상추
4 로메인상추 품종
5 꽃상추
6 청로메인상추 품종
7 뚝섬꽃상추 모종
8 오크상추
9 아삭이상추
10 오양상추 모종
11 적로메인상추 모종

2일에 한 번 갈아주면 아주 잘 성장하므로 수시로 잎을 뜯어 식용할 수 있다. 단, 상추는 더위에 약한 식물이므로 실내 온도를 15~24도 사이로 유지해야 한다는 단점이 있다. 수경 재배용 배양액은 종묘상이나 인터넷에서 손쉽게 구입할 수 있다.

식용 방법
상추의 잎, 싹, 발아 종자를 시용한다. 잎은 상추쌈 같은 샐러드, 겉절이로 먹거나 수프 같은 국물 요리에 넣어 먹는다. 종자는 샌드위치에 넣어 먹고, 발아 종자와 어린 싹은 샐러드로 먹는다.

약용 및 효능
싱싱한 상추잎 100g에는 단백질 2g, 탄수화물 3g, 식이섬유 0.5g, 회분 1.2g, 인 30mg, 칼륨 208mg, 비타민 A 2200mg, 비타민 C 15mg이 함유되어 있다. 상추 줄기를 자르면 나오는 하얀 수액인 Lactucarium 성분은 진통, 진정, 소화, 이뇨, 해열에 효능이 있고 약간의 마취, 최면 효능이 있으므로 불면증, 신경불안증에 약용한다. 상추를 약용할 경우 일반적으로 샐러드를 먹는 양 정도로 섭취하거나 달여서 복용하데, 수액 위주로 과도하게 약용하면 졸음, 심장마비를 야기하고 사망할 수도 있다. 수액은 사마귀에도 효능이 있으므로 사마귀 치료에는 상추의 줄기나 잎자루 부분을 짓이겨 바른다.

재배 환경
용기 재배
수경(양액) 재배
베란다 텃밭
노지(옥상) 텃밭

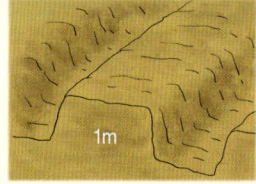
토양 준비하기
토양을 가리지 않고 잘 자란다. 이랑 너비는 1m로 준비한다.

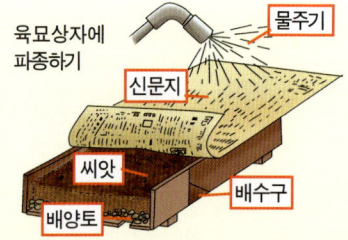
씨앗으로 재배하기
3월 하순~4월 중순 사이에 트레이나 육묘상자에 파종 후 흙을 얇게 덮는다. 물을 주고 그 위에 신문지를 덮고 물이 마를 때마다 수분을 공급하며 발아시킨다. 하절기 재배의 경우에는 8월 중하순에 노지에 5cm 간격으로 직파한다.

모종으로 재배하기
트레이에서 육묘한 뒤 4월 하순~5월 상순에 텃밭에 20×15cm 간격으로 옮겨 심는다.

재배 관리하기
아주 심은 뒤 때때로 솎아내기를 하고, 솎아낸 것은 식용한다. 수분을 다소 촉촉하게 관리한다.

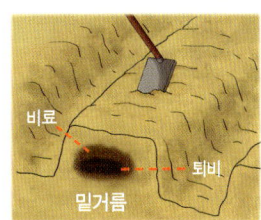

비료 준비하기
아주 심기 10~20일 전 밑거름으로 퇴비 등을 섞어 주고 밭을 갈아엎어 밭두둑을 만든다.

수확하기
텃밭에 아주 심은 뒤 30일 전후부터 수확한다. 꽃이 개화하면 상품 가치가 없으므로 꽃이 필 무렵이 되면 뿌리채 뽑아 제거한다.

그 외 파종 정보 & 병충해
노지에서 상추 농사를 할 경우 진딧물, 균핵병, 흰가루병 등이 발생하므로 제때 방제한다. 소규모 재배라면 굳이 신경쓰지 않아도 된다.

김장배추 직접 키우기
배추

십자화과 두해살이풀 *Brassica rapa* 꽃 : 3~5월 높이 : 1.3m

월별 재배 일지	1	2	3	4	5	6	7	8	9	10	11	12
씨뿌리기			■	■				■				
아주심기				■	■				■			
북주기				■	■				■	■		
밑거름 & 웃거름		■	■		■	■		■		■	■	
수확하기						■	■				■	■

거울배추 꽃

    중국 원산으로서 '중국배추' 라고도 한다. 중국이 원산지인 배추 종류로는 '대백체(大白菜)' 와 '백채(白菜)' 가 있는데 '대백체' 는 우리가 흔히 김치를 담가먹는 '배추' 를 말하고, '백체' 는 쌈채소로 즐겨

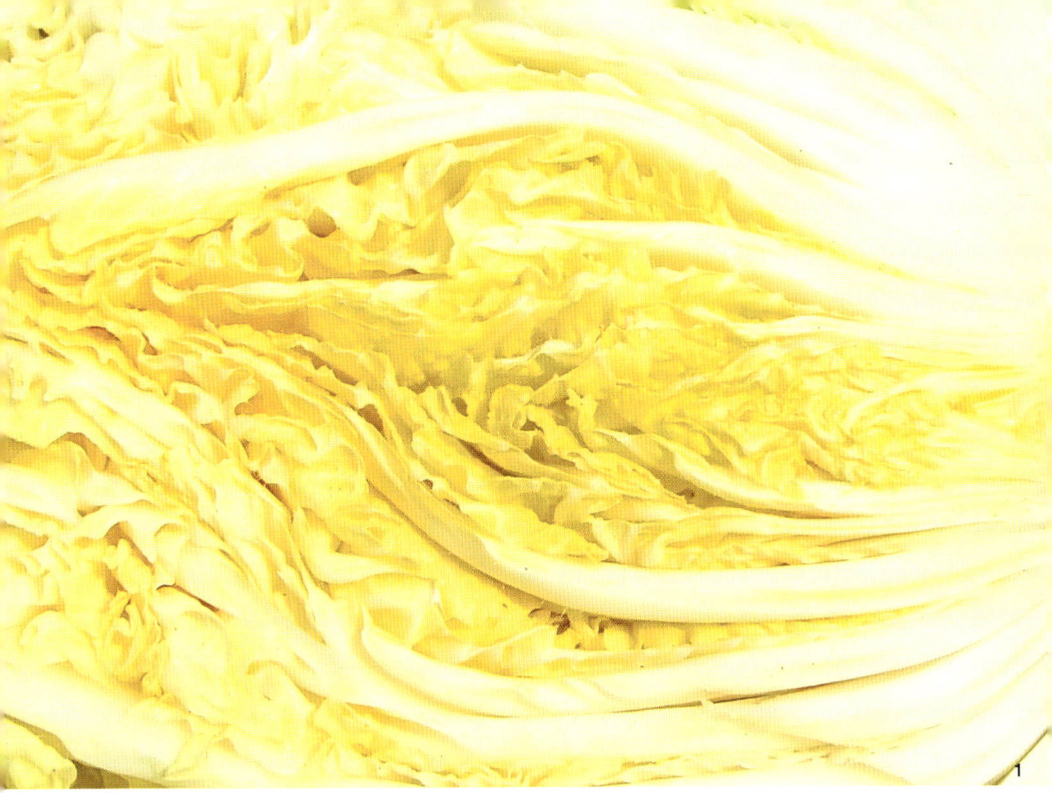

1 배추속
2 통배추(결구배추)

먹는 '청경채' 따위를 말한다.

배추의 조상은 알 수 없지만 야생종 순무(Brassica rapa campestris)와 칭경채(Brassica rapa chinensis)가 교잡되어 만들어진 것으로 보고 있다.

우리가 흔히 먹는 청경채는 성숙한 청경채가 아닌 어린 상태에서 수확한 청경채이고, 국내 배추들도 대부분 중국배추가 오랫동안 변이되거나 개량되어 나타난 품종들이다. 봄에 흔히 먹는 '봄동'은 겨울에 키운 배추로써 배추속이 결구 형태로 꽉 차지 않

3 가을 김장용 배추밭
4 얼갈이배추
5 용기에서 기르는 배추

고 잎이 펼쳐진 상태로 자란 배추이다. 전세계에서 배추를 먹는 나라는 극동 아시아 3국인 우리나라, 중국, 일본 등인데 특히 우리나라에서 배추를 이용한 요리가 발달하였다.

배추의 꽃자루는 높이 1.2m 내외로 자라는데 꽃자루를 제외한 잎은 보통 30~50cm 내외로 자란다. 어린잎은 털이 있지만 자라면서 털이 사라지고, 중심부의 잎이 서로 감싸면서 결구 형태가 된다. 배추를 수확하지 않으면 긴 꽃자루가 1.2m 내외로 자라면서 총상화서의 노란색 꽃이 달린다. 꽃에는 6개의 수술이 있는데 4개는 길고 2개는 짧은 4강웅예이고, 암술은 1개이다.

배추 씨앗

초보 농부의 배추밭 예제

초보 농부
배추밭 예제

식용 방법
잎으로 김치를 담가 먹는다. 껍데기의 거친 잎은 배추된장국으로 먹거나 배추전으로 먹는다. 배추의 부드러운 속잎은 샐러드로 먹거나 돼지고기와 족발을 먹을 때 쌈채소로 먹는다. 꽃은 날것으로 먹거나 수프에 넣어 먹는다.

약용 및 효능
생배추 100g에는 탄수화물 3.2g, 식이섬유 1.2g, 지방 0.2g, 단백질 1.2g, 비타민 C 27mg이 함유되어 있다. 배추잎은 몸 속 독성을 없애거나 변비에 효능이 있다. 김치는 배추, 마늘, 고춧가루 등을 버무려 발효시킨 것이므로 약용 효능이 더 높아진다. 김치의 약용 효능으로는 항암, 소화, 혈당, 비만 예방, 노화 예방, 면역력 강화 등이 있고 특히 변비에 효능이 높다. 빵과 밀가루 음식을 즐기는 사람이라면 반드시 김치를 함께 먹어야 변비를 예방할 수 있다.

재배 환경
용기 재배
수경(양액) 재배
베란다 텃밭
노지(옥상) 텃밭

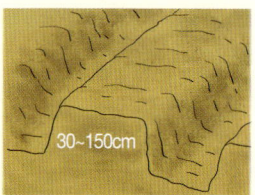
토양 준비하기
모래+점질 토양에서 잘 자란다. 이랑 너비는 30~150cm로 준비한다.

3~4립씩 점뿌리기로 파종

씨앗으로 재배하기
봄배추는 3~4월에 트레이에 파종 후 아주 심는다. 김장배추는 8월 중순에 노지에 30~40cm 간격, 5~8cm 깊이로 3~4립씩 점뿌리기로 파종한 뒤 9월 중순에 아주 심는다. 점뿌리기로 파종할 때 맥주병 밑면으로 살짝 누르면 씨앗을 파종할 수 있는 홈이 만들어진다.

모종으로 재배하기
트레이에 파종한 경우 약 20여 일 지나 잎이 5~6매일 때 텃밭에 30~40cm 간격으로 아주 심는다.

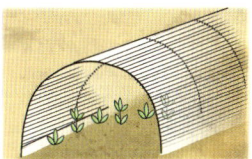

가을 재배시 한냉사를 설치하여 날벌레 방지

재배 관리하기
수분은 보통보다 자주 흠뻑 준다. 흙의 상태를 봐서 때때로 북주기를 한다. 봄 재배는 냉해 방지를 위해 비닐피복 재배를 권장하고, 가을에 재배할 때는 날벌레 방지를 위해 한냉사(그물망)를 설치한다.

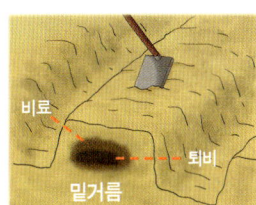

비료 준비하기
텃밭에 심을 때는 10~20일 전 밑거름(퇴비+복합비료)을 주고 밭두둑을 만든다. 웃거름은 25일 간격으로 준다.

수확하기
모종을 아주 심은 뒤 60일 전후에 수확한다. 가을에 재배할 경우 서리가 내리기 전 끈으로 묶어 배추속이 냉해를 입지 않도록 한다.

그 외 파종 정보 & 병충해
수경 재배가 잘 되지만 크기가 있기 때문에 가급적 텃밭 재배를 권장한다. 포장된 배추 종자는 소독된 경우가 많기 때문에 발아 씨앗 음식용으로 적당하지 않다. 모종 정식 후 일주일 뒤 한 번에 배추 관련 약제를 살포하면 병충해의 예방이 가능하고, 가을배추는 한냉사(망)를 설치하면 해충이 잎을 갈아먹는 것을 예방할 수 있다.

날것으로 무쳐 먹는
유채(하루나)

십자화과 한해살이풀 *Brassica napus* 꽃 : 3~5월 높이 : 1.3m

월별 재배 일지	1	2	3	4	5	6	7	8	9	10	11	12
씨뿌리기			■	■					■			
아주심기												
솎아내기										■		
밑거름 & 웃거름		■						■		■		
수확하기					■	■				■	■	

꽃

  십자화과 식물들은 대부분 비슷한 모양의 꽃이 피지만 특히 갓과 유채는 꽃 모양은 물론 잎 모양도 비슷해 자주 혼동하는 식물이다. 요즘은 남부지방의 봄철 환경미화로 도로 변에 갓이나 유채를 심기 때

1 유채 군락
2 줄기잎이 원줄기를 감싸는 모습
3 유채 나물(하루나 나물)

문에 갓인 줄 알고 살펴보면 유채이고, 유채라고 생각한 것은 갓인 경우도 많다. 갓과 유채를 구별하는 한 가지 손쉬운 방법이라면, 줄기 잎의 하단부가 줄기를 감싸면 유채, 줄기 잎의 하단부가 줄기를 감싸지 않으면 갓이라고 동정한다.

지중해와 중앙아시아가 원산지인 유채와 서양종 유채가 있다. 꽃은 3~4월에 원뿔 모양 꽃차례에서 자잘한 노란색 꽃이 달린다. 꽃대의

제주도의 유채밭

　전체 길이는 약 10cm 내외이고, 꽃받침 조각은 4개로 갈라지고, 수술은 6개, 암술은 1개이다. 갓과 달리 상단 줄기 잎이 잎자루가 없는 대신 원줄기를 귀처럼 감싸안은 것이 특징이다.
　열매는 원통 모양이고 길이 8cm 내외, 열매 안에는 20개 정도의 갈색 종자가 있고 익으면 검정색으로 변한다.
　촉감면에서 서양종 유채 잎은 조금 푹신푹신하고 살이 오른 무우 잎 같은 느낌이 드는 반면 갓 잎은 조금 꺼끌꺼끌한 촉감이 있다. 촉감면에서 판단하면 시장에서 판매하는 유채 나물(하루나 나불)은 대개 러시아나 북유럽 어딘가에서 가져온 서양종 유채로 추정된다.

식용 방법
식용 유채의 잎은 데쳐서 무쳐 먹기도 하지만 날것을 생채로 무쳐 먹어도 맛있다. 서양에서도 대개 익혀 먹는 경우가 많지만 어린잎은 각종 샐러드의 대체품으로 안성맞춤이다. 종자를 압착해 카놀라 식용유를 만들기도 하는데 이때 사용한 유채 종자는 개량종 유채의 종자이고, 국내산 유채유는 공업용으로 사용한다. 유채의 어린 싹을 식용할 목적으로 수경 재배하는 경우도 있다. 씨앗은 약간의 독성이 있으므로 날것으로는 식용하지 않는다.

약용 및 효능
이뇨, 소종, 어혈, 만성기침에 효능이 있다. 유채 오일 마사지와 오일 욕조는 피부 건강에 좋다. 비누 성분이 있는 유채 기름은 비누를 만들거나 화장품 재료로 사용한다.

재배 환경
용기 재배
수경(양액) 재배
베란다 텃밭
노지(옥상) 텃밭

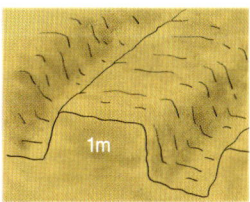

토양 준비하기
알칼리성 비옥토에서 잘 자란다. 이랑 너비는 1m로 준비한다. 수분에 약하므로 고랑을 깊게 파는 것이 좋다.

손가락 1마디 깊이로 골을 내고 줄뿌림

씨앗으로 재배하기
이듬해 봄 꽃을 관상하려면 남부지방 기준 10월 중순에 깊이 1~2cm, 흩어뿌림이나 줄뿌림으로 파종한다. 중부지방은 저온 처리된 종자로 이른봄(3~4월)에 파종한다. 식용 유채의 경우 가을과 봄에 잎을 식용하기 때문에 9월 중하순에 파종한다.

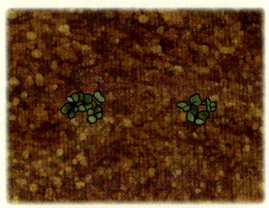

모종으로 재배하기
노동력 투입이 심하므로 모종보다는 씨앗 파종을 권장하고, 약간 밀식해서 파종해도 된다.

재배 관리하기
수분은 보통보다 적게 공급한다.

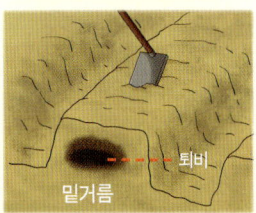

퇴비
밑거름

비료 준비하기
가을 파종시 밭두둑을 만들기 전 밑거름을 충분히 준다. 또한 이듬해 2월 하순에 요소 등의 웃거름을 준다.

수확한 식용 유채 잎

수확하기
9월 중순~10월 중순에 파종하면 이듬해 개화 후 60일 지나 잎을 수확해 사료용으로 사용하고 종자는 공업용으로 사용한다.
식용 유채는 9월에 파종하면 그 해 10~11월에 잎을 수확 식용하고, 이듬해 봄에도 수확해 식용할 수 있다.

그 외 파종 정보 & 병충해
습기가 많거나 비가 자주 올 때에는 균핵병, 흰곰팡이병 등이 발생하므로 미리 방제하거나 피복하여 습기를 차단한다.

갓김치로 유명한
갓

십자화과 한/두해살이풀 *Brassica juncea* 꽃 : 4~6월 높이 : 1.5m

월별 재배 일지	1	2	3	4	5	6	7	8	9	10	11	12
씨뿌리기			■	■	■	■	■	■	■			
아주심기												
솎아내기				■	■	■	■	■	■			
밑거름 & 웃거름			■	■	■	■	■	■	■	■		
수확하기					■	■	■					

꽃

 중국 원산의 갓은 국내에 삼국시대에 전래된 것으로 보고 있다. 뿌리 잎은 무우 잎과 비슷하다. 줄기 잎은 주걱 모양이고 줄기에서 어

굿나게 달린다. 잎자루는 짧고 잎자루 밑이 원줄기를 감싸지 않으므로 유채와 구별할 수 있다. 줄기는 털이 없고 상단부에서 잔가지가 많이 갈라진다.

  총상화서의 꽃은 황색으로 피고 남부지방에서는 4월 말, 중부지방에서는 5~6월에 개화한다. 꽃대 전체의 길이는 10cm 내외, 꽃잎의 길이는 8mm 정도이다. 열매는 긴뿔 모양이고 길이 2.5~5cm 내외, 송자는 진한 갈색이거나 노란색의 원주형이다.

  다양한 품종 중에서 여수 돌산도에서 자라는 갓은 특별히 돌산갓이라고 하여 갓김치를 담가먹는다.

  일반적으로 붉은색이 띄는 품종은 적갓 종류로서 약간 매운 맛이

1 전초
2 반청갓 모종
3 뿌리잎
4 잎자루
5 청갓 모종
6 적갓 모종
종자

나고, 녹색을 띠는 품종으로는 청갓 품종이라 하여 매운 맛이 거의 없다. 또한 적색과 녹색 반반인 반청갓 품종이 있는데 돌산 갓은 적갓 품종과 청갓 품종을 많이 재배한다.

돌산 갓은 일반적으로 늦가을에 씨앗을 뿌린 뒤 월동을 하여 봄에 수확해 갓김치의 재료가 되고, 김장용 갓은 9월 초순에 적갓이나 청갓 품종을 심은 뒤 김장철 전후에 수확해 사용한다. 3~4월에 심으면 2개월, 여름에 심으면 40일 뒤 수확할 수 있다. 참고로, 돌산도의 경우 갓 수확이 끝나면 고들빼기를 심는다.

식용 방법
잎을 갓김치로 먹고 어린잎은 샐러드로 먹는다. 꽃은 날것으로 먹는다. 씨앗은 '개자'라고 부르는데 겨자나 머스타드 소스 같은 조미료를 만든다.

약용 및 효능
이뇨, 항생, 긴장완화, 강심, 소화불량, 진통, 요통, 관절염, 폐렴, 감기 등에 효능이 있다. 보통 1회에 열매 2~3g을 달여 먹는데 1일 2~3회, 4~6일 정도 복용하면 증세에 효능이 있다.

재배 환경
용기 재배
수경(양액) 재배
베란다 텃밭
노지(옥상) 텃밭

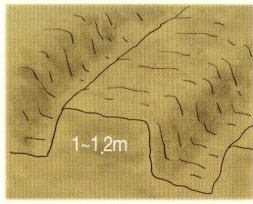
토양 준비하기
점질 비옥토에서 잘 자란다. 이랑 너비는 1~1.2m로 만든다.

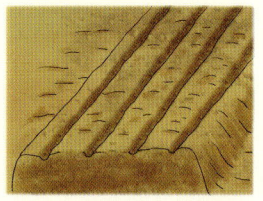
씨앗으로 재배하기
3~9월 사이에 25cm 간격으로 골을 4줄 내어 줄뿌림으로 파종한다.

골을 낸 뒤 줄뿌림으로 파종한다.

수분 공급하기
갓은 모종으로 심지 않고 씨앗을 직파한다. 수분은 3~4일 간격으로 공급한다.

재배 관리하기
발아하거나 잎이 서너 개 붙으면 25x10cm 간격으로 솎아낸다.

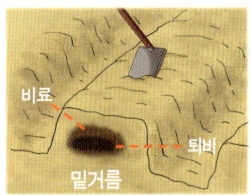

비료 준비하기
파종 10~20일 전에 퇴비 등으로 밑거름을 주고 밭을 갈아엎어 밭두둑을 만든다.

수확하기
봄 파종은 60여 일 뒤 수확한다. 여름 파종은 40여 일 뒤, 50cm로 성장하면 수확한다.

그 외 파종 정보 & 병충해
다른 채소류에 비해 심각한 병충해는 없지만 5~6월에 배추좀나방이 잎을 갈아먹는 피해가 많이 발생하므로 배추좀나방이 발생하면 방제한다. 배추좀나방은 갓, 배추, 열무를 재배할 때 수시로(1년에 5~6회) 발생하므로 때에 따라 한냉사(그물망)를 설치하는 것도 좋은 방법이 된다.

쫄깃하고 아삭한 고들빼기 김치
고들빼기

국화과 두해살이풀 *Crepidiastrum sonchifolium* 꽃 : 4~9월 높이 : 12~80m

월별 재배 일지	1	2	3	4	5	6	7	8	9	10	11	12
씨뿌리기				■				■				
김매기					■				■			
솎아내기					■				■			
밑거름 & 웃거름			■			■						
수확하기					■		■			■		

고들빼기

　한국, 중국, 일본에서 자생하는 고들빼기는 쌉싸름하고 쫄깃한 고들빼기 김치를 담그는 산나물이지만 인기가 많아지면서 오래 전부터 재배해 왔다. 우리나라에서는 여수 돌산도에서 특히 많이 재배하지만 농촌의 들판이나 냇가 풀밭에서 흔히 볼 수 있을 뿐 아니라 한계

1 전초
2 고들빼기
3 원줄기를 감싸는 줄기잎

령 같은 고지대 도로변에서도 흔히 자란다.

고들빼기의 줄기는 높이 12~80cm로 자라고 잔가지가 많이 갈라진다. 줄기는 연한 자줏빛이 도는데 밑으로 내려갈수록 진해진다. 뿌리에서 올라온 잎은 초봄이면 볼 수 있는데 뿌리까지 통째로 수확

꽃

 해 나물이나 고들빼기 김치로 먹는다. 뿌리잎은 잎자루가 없는 긴 타원형이고 5cm 내외, 가장자리는 냉이 잎처럼 갈라진다.
 줄기에서 어긋나게 달리는 잎은 달걀 모양이거나 넓은 긴 타원형이고 길이 6cm 정도로 자란다. 줄기잎은 밑 부분이 타원형 형태로 넓어진 뒤 원줄기를 완전히 감싸므로 비슷한 식물인 '이고들빼기'와 구별할 수 있다.
 꽃은 4~5월이 되면 산방화서로 달리는데 뒤늦게 발아한 뒤 자라는 고들빼기도 있어 초가을에도 간혹 고들빼기 꽃을 만날 수 있다. 꽃의 지름은 1.5cm 정도이고 색상은 노란색이다.
 야생 고들빼기는 주로 습한 풀밭에서 자라므로 고들빼기를 텃밭에서 키우려면 비옥한 토양에서 키워야 한다. 고들빼기를 식용하려면 2~3월경 줄기가 올라오기 전의 뿌리잎을 수확해야 한다.

식용 방법
뿌리째 수확한 뒤 흙을 털어내고 고들빼기 김치를 담가먹는데, 살짝 데친 뒤 무쳐 먹거나 볶아 먹을 수도 있다.

약용 및 효능
여름에 어린잎을 수확하여 햇볕에 말린 뒤 10g을 달여 복용한다. 장염, 이질, 해열, 종기, 두통, 치통, 각종 출혈 증세에 효능이 있다. 외부 종기에는 달인 액을 바르거나 분말로 바른다.

재배 환경
- 용기 재배
- 수경(양액) 재배
- 베란다 텃밭
- 노지(옥상) 텃밭

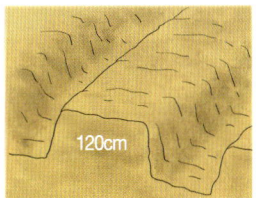
토양 준비하기
고들빼기는 비옥한 토양에서 잘 자란다. 이랑 너비는 120cm로 준비한다.

씨앗이 바람에 날아가므로 모래와 섞어 파종한다.

씨앗으로 재배하기
7월 중순부터 8월 중순까지 종자를 모래와 섞어 줄뿌림 또는 흩어뿌림으로 파종하고 흙을 5cm 높이로 얇게 덮어준다. 남부지방의 경우 비닐 멀칭이나 하우스 시설이 있으면 7~8월이 아닌 2~3월에도 파종할 수 있다.

모종으로 재배하기
모종으로 아주 심을 경우 10~20cm 간격을 유지한다. 노동력 투입이 심하므로 모종보다는 씨앗 파종을 권장하고 나중에 솎아내기를 한다.

재배 관리하기
잎이 4~5개 있을 때 10~20cm 간격으로 솎아내고 잡풀을 정리하는 김매기를 한다.

월동 준비로 터널 피복이나 핫캡을 씌운다.

비료 준비하기
밭두둑 만들기 10~20일 전에 밑거름으로 퇴비와 복합비료를 섞어 밭을 갈아엎은 뒤 밭두둑을 만든다. 이듬해 3월에 수확할 경우에는 겨울에 월동하도록 식물 재배용 비닐로 터널 피복이나 핫캡을 만들고 옆면이나 윗면에 공기 구멍을 낸다. 2월경에 웃거름을 추가한다.

수확하기
여름 파종의 경우 11월 김장철에 수확하지만 9월 말부터 일부 수확할 수 있고 나머지는 이듬해 3월에 수확한다. 봄 파종의 경우 통상 2개월 안에 전부 수확한다.

그 외 파종 정보 & 병충해
종자를 0~4도에서 3주 정도 저온 저장한 뒤 파종하면 발아율이 높아진다. 장마철 이후 토양의 습기가 많아지면 잎과 줄기가 물러지면서 썩는 무름병이 발생할 수 있으므로 미리 고랑을 더 깊게 파서 물이 잘 빠지도록 만든다. 무름병 증세가 심해지면 무름병 방제약을 뿌려 방제한다.

어디에서나 잘 자라는
부추

백합과 여러해살이풀 *Allium tuberosum* 꽃 : 7~8월 높이 : 40cm

월별 재배 일지	1	2	3	4	5	6	7	8	9	10	11	12
씨뿌리기				■				■				
아주심기					■	■						
솎아내기					■	■						
밑거름 & 웃거름		■		■			■			■		
수확하기					■	■	■	■	■			

꽃

우리나라를 포함한 극동아시아에서 자생하는 부추의 주요 생산국은 아시아이고 주요 소비국도 아시아 지역이다. 우리나라는 부추전이나 각종 김치를 만들 때 향미 채소로 사용하고 중국은 만두 속에,

동남아시아의 베트남, 필리핀에서도 요리용으로 흔히 사용한다.

  부추는 줄기가 없는 대신 꽃대가 높이 30~40cm 내외로 자란다. 잎은 모두 뿌리에서 바로 올라오는데 납작한 선형이고 길이 30cm 내외이다. 꽃은 7~8월에 우산 모양으로 자잘한 꽃들이 모여서 핀다. 꽃의 색상은 흰색이고 지름은 6~7mm 내외, 꽃잎처럼 보이는 화피열편은 6장, 수술 6개, 꽃밥은 노란색이다.

  열매는 거꾸로 된 심장 모양이고 3갈래로 갈라지는데 열매 하나당 6개의 종자가 들어 있다.

1 베란다 텃밭의 부추
2 용기에 기르는 부추
3 꽃

종자

광릉 국립수목원의 텃밭 전시 식물들

식용 방법
부추를 넣은 요리는 아시아 여러 국가와 비교할 때 우리나라가 많이 발달하였다. 우리나라는 부추오이 김치와 부추전으로 먹거나 김치를 담그고, 감자탕 같은 찌개 요리와 재첩국 같은 국물 요리에서 마늘 향미를 내는 향미 채소로 사용한다. 중국과 일본은 만두속에 넣거나 튀김류에 부추를 사용한다. 네팔은 카레 튀김 요리에, 필리핀은 덤블링(군만두 종류)이나 파이에 부추를 향미 채소를 사용한다.

약용 및 효능
부추의 전초를 30g 단위로 짓이기거나 즙을 내어 복용하거나 생채를 무쳐서 복용한다. 항균, 소화, 요실금, 정액루(이유 없이 정액이 흐르는 증세), 대하, 뿌연 오줌에 효능이 있고 장, 심장, 신장 기능을 향상시킨다. 뿌리를 30g 단위로 달여 복용하면 비출혈, 적대하 등에 효능이 있고 머리카락이 나오게 한다.

재배 환경
용기 재배
수경(양액) 재배
베란다 텃밭
노지(옥상) 텃밭

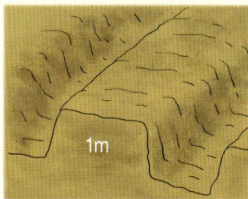
토양 준비하기
비옥한 토양에서 잘 자란다. 이랑 너비는 1m로 준비한다.

1m

4~5줄로 골을 낸 뒤 줄뿌림

씨앗으로 재배하기
춘파는 3월 하순부터 4월에 줄뿌림으로 파종한 뒤 흙을 얇게 덮고 짚으로 피복하거나 비닐 피복을 한다. 추파는 8월부터 9월 상순에 줄뿌림으로 파종 후 흙을 얇게 덮는다.

모종으로 준비하기

모종으로 심을 경우, 시장에서 모종을 구입한 뒤 5~7월 상순에 텃밭에 아주 심는다. 심는 간격은 20x20cm 정도이다.

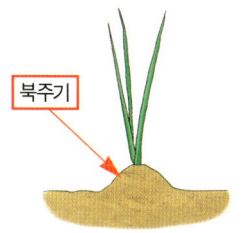

싹이 어느 정도 자라면 주변 흙을 긁어모아 북주기한다.

재배 관리하기

씨앗 파종으로 재배한 경우 옮겨 심지 않는다. 싹이 어느 정도 자라면 솎음과 북주기를 한다. 모종으로 심은 경우에는 북주기를 하지 않는다.

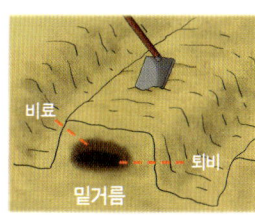

비료 준비하기

파종 10~20일 전 석회질 비료를 주고 밭두둑을 만든다. 파종 후 15~25일 뒤 잎이 2매 내외로 자라면 퇴비+복합비료를 웃거름으로 주고, 이후 3개월 간격으로 질소(40%)+인산(25%)+칼리(35%)의 복합 비료를 준다.

수확하기

잎의 길이가 20cm 이상 자랐을 때 밑둥을 남기고 가위로 잘라 수확한다. 밑둥이 자라면 다시 수확하는데 몇 년 동안 수확할 수 있다.

그 외 파종 정보 & 병충해

부추는 여러해살이풀이므로 가을에 파종한 경우 이듬해에도 수확할 수 있다. 이때 포기나누기로 다시 심으면 수확량을 높일 수 있다. 부추 재배는 엽고병, 잘록병, 흰잎마름병, 시들음병 등이 발생하지만 가정의 텃밭에서 키운다면 병충해에 신경 쓰지 않아도 된다.

친환경 파 재배하기
파 & 쪽파

백합과 여러해살이풀 *Allium fistulosum* 꽃 : 6~7월 높이 : 60cm

월별 재배 일지	1	2	3	4	5	6	7	8	9	10	11	12
씨뿌리기			■	■				■				
아주심기					■					■		
솎아내기 & 김매기			■	■	■	■	■	■	■	■		
밑거름 & 웃거름		■		■	■	■	■	■	■	■	■	
수확하기		■	■	■	■			■	■	■	■	■

열매

　대파라고 불리는 파의 원산지는 불분명하지만 동아시아에서 시베리아 사이로 추정하고 있다. 파를 요리에 사용하는 나라는 동남아시아에 몰려 있지만 유럽에서도 파를 샐러드 등의 요리에 사용하고 주로 어린 파를 수확해 사용한다.

1 전초 2 노지에 심은 쪽파 3 파 꽃 4 나무 용기에 기르는 쪽파

파의 줄기는 높이 60cm 내외로 자란다. 관 모양의 속은 비어 있고 잎의 끝은 뾰족하다. 잎의 밑부분은 엽초로 되어 있어 서로 하나로 합쳐 있다. 6~7월에 피는 꽃은 꽃대 끝에서 자잘한 꽃들이 둥근 모양으로 달린다. 자잘한 꽃들은 꽃잎 대신 화피열편 6개가 꽃잎처럼 보이고 수술은 6개, 암술은 1개이다. 열매는 3개의 능선이 있고 씨앗은 삼각형이고 모가 나 있다.

중앙아시아가 원산지인 쪽파(Allium ascalonicum)는 파의 일종이지만 뿌리 모양이 양파와 가깝기 때문에 파와 양파가 혼합된 형태라고 할 수 있다. 파와 달리 전 세계에서 고루 애용하는 식물로서 최대 생산국은 중국, 인도, 터키, 미국, 일본, 러시아, 파키스탄, 한국 순이고 남미나 아프리카에서도 흔히 재배한다. 쪽파의 꽃은 파와 비슷하지만 줄기가 높이 30cm 내외로 자라고 잎은 더 가느다랗다. 역사적으로 중앙아시아에서 인도와 동남아시아로 전래된 쪽파는 그 후 그리스 등으로 전래되어 유럽에 넓게 퍼졌다.

잎 채소 텃밭 작물 87

식용 방법
파는 각종 요리의 향미 채소로 사용하고 쪽파는 향미 채소로 사용하거나 파김치를 담가먹는다. 쪽파는 유럽권에서 피클 등을 담가먹거나 유럽의 아시아 음식점에 많이 사용하고 미국은 북동부 지역에서 쪽파를 즐겨 먹는다. 동남아시아에서는 볶음밥 등을 만들 때 흔히 사용한다.

약용 및 효능
파는 잎, 비늘줄기, 뿌리가 조금씩 다른 효능이 있지만 전체적으로 항균, 살균, 발한, 해열, 두통, 가래, 이뇨, 모유촉진, 구충, 위염에 효능이 있다. 뿌리로 만든 차는 진정에 효능이 있다. 각종 염증, 종기에는 찜질팩처럼 바른다. 쪽파는 파와 양파에 준하는 효능이 있다.

재배 환경
용기 재배
수경(양액) 재배
베란다 텃밭
노지(옥상) 텃밭

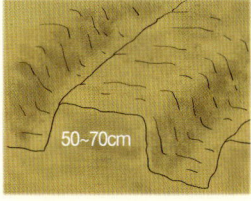
50~70cm

토양 준비하기
비옥한 토양에서 잘 자란다. 이랑 너비는 50~70cm로 준비한다. 봄 재배는 피복 재배 또는 트레이에 파종한다.

3~5립의 씨앗을 점뿌림으로 파종〈트레이5a〉

씨앗으로 재배하기
봄 재배는 3~4월 초에 트레이에 파종한 뒤 온상에서 육묘한다. 4월 하순~5월 초, 8월 하순~9월에는 노지에 점뿌림(3~5립) 또는 줄뿌림으로 파종한다.

모종으로 재배하기
3월~4월 초의 재배는 트레이에 파종 후 1~2개월 뒤인 5~6월에 한 뼘 정도 자라면 텃밭에 아주 심는다. 아주 심는 간격은 10×20cm 간격을 유지하고 한구멍에 3주의 모종을 심는다. 또는 이랑에 심지 않고 고랑에 세워 심은 뒤 밑거름과 흙을 채우고 심어도 된다.

재배 관리하기
모종이 아닌 줄뿌림으로 발아한 경우 잎이 2~3장일 때 적당히 솎아내고 김내기를 자주 한다.
북주기는 줄기 아래쪽이 흰색이 되도록 흙을 쌓아 주면 되는데 보통 수확하기 한 달 전 여러 차례 북주기하여 아래쪽이 햇빛에 노출되지 않도록 한다.

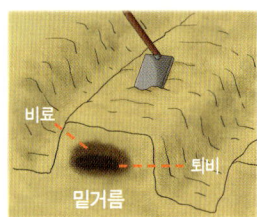

비료 준비하기
아주 심기 1개월 전에 밑거름을 주고 밭두둑을 만든다. 대량 재배시 월 1회 모종 사이에 웃거름을 추가한다. 소량 재배시에는 월 1회 거름을 줄 필요는 없다.

수확하기
파종 후 여름~가을에 잘 자란 순서대로 수확하고, 가을 재배는 이듬해 봄까지 수확한다.

그 외 파종 정보 & 병충해
꽃대가 올라올 때 꽃자루 아래를 잘라 제거하면 파 잎이 더 많아진다. 잡초가 많으면 파의 성장이 나빠지므로 시간 날 때마다 김매기를 한다. 병충해가 끼면 베어버리고 살충하되 농약보다는 농업용 목초액으로 방제한다.
파는 수경 재배가 잘 되는 식물이지만 수경 재배로는 왜소하게 자라기 때문에 흙으로 키울 것을 권장한다.

비름 나물로 즐겨 먹는
비름

비름과 한해살이풀 *Amaranthus mangostanus* 꽃 : 7~9월 높이 : 1m

월별 재배 일지	1	2	3	4	5	6	7	8	9	10	11	12
씨뿌리기					■							
아주심기												
김매기					■	■						
밑거름 & 웃거름				■								
수확하기						■	■					

꽃

　인도 원산이지만 전국의 들판에서 흔히 자라고, 도시의 텃밭 주변에서도 많이 볼 수 있다. 줄기는 높이 1m 내외로 자라지만 쓰러지는

1 고무 대야 텃밭의 비름
2 잎
3 수확한 잎

경향이 많고 어긋난 잎은 사각상 달걀형이고 길이 3~10cm 내외의 잎자루가 있다. 7~9월에 피는 꽃은 잎겨드랑이와 원줄기 끝에서 원뿔 형태로 달린다. 꽃받침조각은 길이 3mm 내외, 끝이 뾰족하고 3개로 갈라지며 수술은 3개, 암술은 1개, 암술대는 끝이 3개로 갈라진다. 가정 주부들에겐 비름 나물로 유명한데, 식물원에서 볼 수 있는 비름, 개비름, 털비름 등은 모두 식용할 수 있다.

 참고로, 질소가 풍부한 토양에서 재배한 비름나물은 생장력이 매우 왕성하지만 발암 성분인 질산염이 잎에 농축되는 경향이 많으므로 가급적 질소 성분이 적은 토양에서 재배한다. 비료를 사용할 경우에는 유기질 비료 중 질소 성분이 적은 비료를 사용한다.

식용 방법
비름의 잎을 데쳐서 고추장, 된장, 간장에 무쳐먹는데 담백한 맛이 일품이다. 씨앗은 시리얼처럼 식용하지만 일반적으로 죽에 넣어 끓여 먹는다.

약용 및 효능
잎에 비타민 C의 함량이 높다. 생잎을 즙으로 먹거나 죽으로 먹으면 해열·해독 효능이 있다. 씨앗과 뿌리는 설사, 부종, 대하에 약용한다. 종기, 치질, 벌레 물린 상처에서는 잎이나 뿌리를 짓이겨 바른다.

재배 환경
- 용기 재배
- 수경(양액) 재배
- 베란다 텃밭
- 노지(옥상) 텃밭

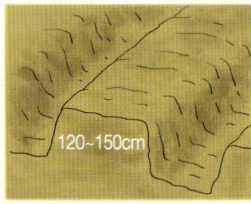
토양 준비하기
비옥한 사질 양토에서 잘 자라지만 일반적으로 토양을 가리지 않는다. 이랑 너비는 120~150cm로 준비한다.

씨앗으로 재배하기
5월경에 흩어뿌림으로 파종한 뒤 흙을 얇게 덮고 발로 적당히 밟아주거나 또는 널빤지로 눌러준다.

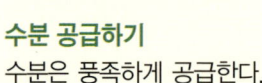
수분 공급하기
수분은 풍족하게 공급한다.

재배 관리하기
잡초가 발생하면 손으로 뽑아낸다.

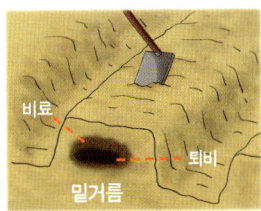

비료 준비하기
밭두둑을 만들기 전에 밑거름으로 퇴비, 닭똥 등을 사용한다. 잎과 줄기를 먹는 식물이므로 화학비료의 사용은 가급적 피한다.

수확하기
5~6월에 10cm 내외로 자랐을 때 줄기와 잎을 수확해 식용한다. 종자는 9월경에 채취한다.

그 외 파종 정보 & 병충해
신경 써야 할 병충해는 없다. 간혹 잎 뒷면에 흰반점이 발생한 뒤 흰가루로 변하는 흰녹가루병이 나타나므로 즉시 피해 입은 잎을 제거한다. 즉시 제거하지 않으면 점점 잎 앞면과 줄기로 번질 수 있다.

감염 치료에 사용하는 나물
돌나물(돈나물)

돌나물과 여러해살이풀 *Sedum sarmentosum* 꽃 : 5~6월 높이 : 15cm

월별 재배 일지	1	2	3	4	5	6	7	8	9	10	11	12
씨뿌리기				▬	▬	▬	▬	▬				
아주심기												
솎아내기					▬	▬	▬	▬	▬	▬		
밑거름 & 웃거름				▬	▬	▬	▬	▬				
수확하기					▬	▬	▬	▬				

꽃

　우리나라와 중국, 일본에서 자생하는 돌나물은 '돈나물'이라고도 불리며 나물로 흔히 무쳐 먹는다. 중국에서는 해발 1600m 이하 산이나 들판의 그늘진 장소에서 흔히 자라며 우리나라에서는 서울 주변의

화분으로 키우는 돌나물

왕릉이나 산, 농촌의 민가나 밭 주변의 그늘지고 축축한 토양에서 흔히 볼 수 있다.
　돌나물의 줄기는 높이 15cm 내외로 자란다. 줄기는 땅을 기면서 뿌리를 내리는 성

1 용기 재배 돌나물
2 담장 옆 화단에 키우는 돌나물
3 잎
4 수확한 잎

질이 있어 번식이 아주 잘 된다. 긴 타원형 잎은 3개씩 돌려나고 잎자루가 없으며 길이 1.5~2cm 정도이다.

꽃은 5~6월에 취산화서로 여러 송이가 모여 피고, 꽃의 지름은 6~10mm 내외, 꽃받침조각은 5개, 수술은 10개, 암술은 5개이다.

서양에서의 돌나물은 유지 보수비가 들지 않기 때문에 정원 커버용 식물로 인기 있지만 자체 번식률이 매우 왕성하기 때문에 심어놓고 후회하는 사람들도 많다.

여러해살이풀인 돌나물은 화단에서 키울 경우, 늦가을에 낙엽 등으로 덮어주면 자연스럽게 월동이 되어 이듬해 봄에 다시 새 잎이 올라온다.

식용 방법
돌나물의 어린잎과 줄기를 식용한다. 국내에서는 싱싱한 잎을 초고추장으로 버무려 먹거나 뜨거운 물에 살짝 데친 뒤 버무려 먹고, 사찰 음식인 돌나물 김치를 만들어 먹는다. 중국에서는 돌나물을 튀겨 먹거나 익혀 먹는다. 돌나물에는 매스꺼움을 유발하는 약간의 식물 독이 있으므로 과다 섭취하지 않도록 주의한다.

약용 및 효능
전초에 간염 치료에 좋은 Sarmentosin 성분이 함유되어 있다. 전초 16g을 달여 복용하면 해열, 인후통, 간염, 혈뇨, 식욕부진 등에 효능이 있고 몸 속 독성을 해독한다. 일반적으로 간염이나 황달 치료에 효능이 높다. 화상, 종기, 습진에는 잎을 짓이겨 바른다. 중국의 민간에서는 임질 치료에 사용한 기록이 있다.

재배 환경
용기 재배
수경(양액) 재배
베란다 텃밭
노지(옥상) 텃밭

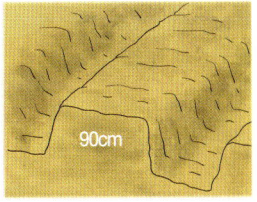
토양 준비하기
비옥한 토양에서 잘 자란다. 이랑 너비는 90cm로 준비한다. 가정집 담장 옆에 키워도 된다.

분주 또는 꺾꽂이하기
4~8월 사이에 밭이나 풀밭 그늘진 곳에서 포기나누기로 채취하거나 줄기를 6cm 정도 길이로 잘라온 뒤 심는다.

풀밭에서 줄기를 6m 길이로 잘라온 뒤 심는다.

모종으로 재배하기
잘라온 줄기를 심을 때 약 15cm 간격으로 심는다. 또는 뿌리채 집어 던져도 뿌리가 땅에 내리고 가는 줄기에서도 뿌리가 생기므로 스스로 잘 번식한다.

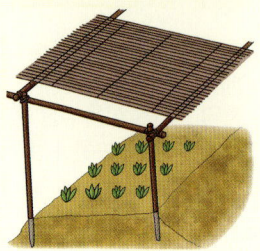

재배 관리하기
뿌리를 내리면서 새 순이 많이 올라오면 너무 밀식하면서 자라지 않도록 적당히 솎아낸다. 고온에 약하므로 한여름철에는 차양막이나 갈대발로 차양한다.

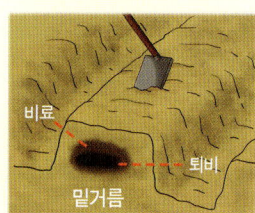

비료 준비하기
심기 2주일 전에 밑거름을 준 뒤 밭두둑을 만든다. 장마철 전에 웃거름을 추가한다.

수확하기
꽃이 피기 전의 어린잎을 수확해 식용한다. 여름에도 순이 올라오면 수확한다. 꽃이 핀 이후의 잎은 잡맛이 많으므로 식용하지 않는 것이 좋다.

그 외 파종 정보 & 병충해
별다른 병충해가 없다. 주택에서 키울 경우 텃밭이나 담장 옆의 축축한 곳에 심고 아파트에서는 용기나 수경 재배로 키운다.

고소득 작물인
고사리

꼬리고사과 여러해살이풀 *Pteridium aquilinum* 꽃 : 포자낭 높이 : 1m

월별 재배 일지	1	2	3	4	5	6	7	8	9	10	11	12
종근심기			▰	▰								
아주심기												
솎아내기												
밑거름 & 웃거름		▰	▰	▰					▰	▰		
수확하기				▰	▰							

비닐하우스 고사리 농사

 고사리는 전 세계에서 흔히 자라고 비슷한 품종이 많지만 식용 고사리는 주로 온대 지방과 아열대 지방에서 자생하는 Pteridium aquilinum 품종이며 세계적으로도 여러 나라의 민간에서 이 품종의 어린 순을 식용한다. 고사리에는 약간의 독성이 있어 위암과 각기병

을 유발하지만 물에 데치면 사라지므로 학계에서도 일반적으로 식용을 권장하고 있다.

 고사리의 줄기는 높이 1m 내외로 자라고, 잎은 길이 50cm 내외, 잎자루의 길이는 20~80cm 내외로 자란다. 잎은 난상 삼각꼴이고 3회 깃꼴로 갈라지고 뒷면에 약간의 털이 있다.

 고사리 번식에 사용하는 포자낭은 가느다랗게 갈라진 잎의 뒤로 말린 부분에 달리는데 포자낭 안의 포자를 땅에 심으면 고사리를 번식시킬 수 있지만 번식이 잘 되지 않으므로 일반적으로 고사리의 땅속줄기를 옮겨 심는 방식으로 번식시킨다.

 고사리에서 식용 가능

한 부위인 고사리 순은 이른봄 날씨가 풀리고 기온이 15도 이상 올라갈 때 땅에서 올라온다.

고사리 순은 잎이 나기 전에 수확해야 하는데 수확한 고사리 순을 끓는 물에 찐 것은 햇고사리 나물이고, 물에 찐 뒤 햇빛에 건조시킨 뒤 판매하는 것은 묵은 고사리 나물이다.

1 고사리 순
2 햇고사리 나물
3 묵은고사리 나물
4 노지 고사리 농사

  고사리 나물은 일단 수확한 뒤 물에 찌기 때문에 독성이 사라진 상태이지만 가정에서는 흔히들 끓는 물에 다시 데친 뒤 볶아 먹거나 무쳐 먹는다.

우리나라의 경우 고사리의 어린 순을 즐겨 먹지만 미국 인디언과 뉴질랜드의 마오리족은 고사리 뿌리를 분말로 만들어 밀가루 요리로 먹는다. 일본은 특히 고사리 요리를 진미 요리로 취급한다.

식용 방법
햇고사리 순이나 묵은고사리 순을 물에 데쳐서 나물로 무쳐 먹거나 기름에 볶아 먹는다. 일반적으로 어린 순을 먹어야 하며, 고사리의 성숙한 잎은 위암이나 각기병을 유발할 확률이 높기 때문에 먹지 않는다.

약용 및 효능
잎과 뿌리를 삶은 뒤 햇빛에 잘 건조시킨 후 6~9g 단위로 달여 먹는다. 구충, 구토, 살균, 이뇨, 결핵, 관절통, 감기 등에 효능이 있다.

재배 환경
용기 재배
수경(양액) 재배
베란다 텃밭
노지(옥상) 텃밭

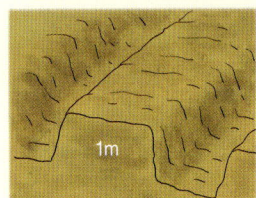
토양 준비하기
유기질 토양을 권장한다. 이랑 너비는 1m 이상으로 준비한다.

파종(포자)으로 재배하기
포자 번식이 잘 안 되므로 봄에 종묘상이나 인터넷의 고사리 농장에서 고사리 종근을 10Kg 단위로 구입한다. 봄~가을 사이에 종근을 심지만 가을로 갈수록 실패율이 높아지므로 보통 3~4월에 심는다.

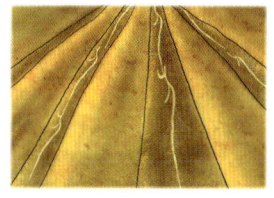

종근(뿌리)으로 재배하기
고사리 종근(뿌리)을 20~30cm 깊이의 골을 판 뒤 골 속에 놓고 흙을 덮는다.
종근을 한 군데에 2~3가닥씩 놓고, 이어서 다시 2~3가닥씩 연결해 놓은 뒤 흙을 덮고 월동시킨다. 재식 간격은 30~50cm 간격을 유지한다.

냉해 방지를 위해 짚으로 피복한다.

재배 관리하기
뿌리를 내리면서 새 순이 많이 올라오면 너무 밀식하면서 자라지 않도록 적당히 솎아낸다. 고온에 약하므로 한 여름철에는 차양막이나 갈대발로 차양한다.

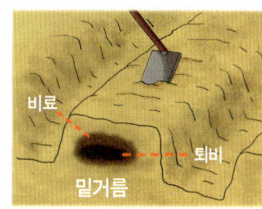

비료 준비하기
심기 2주일 전에 퇴비를 약간만 주고 밭두둑을 만든다. 웃거름은 매년 봄과 늦가을에 1회씩 주되, 화학 비료는 절대 사용하지 않는다.

수확하기
첫해는 고사리순을 수확하지 않는다. 1차 월동이 끝난 이듬해 봄(3~4월)과 그 이듬해 봄(3~4월)에 고사리순을 수확한다. 새 뿌리가 생기므로 고사리밭을 만들면 매년 봄에 영구적으로 고사리 순을 수확할 수 있다.

그 외 파종 정보 & 병충해
밭에서 심는 것과 달리 가정에서 고사리 종근을 심을 때는 눈(하얀 부분)을 위로 해서 심는 것이 좋다. 고사리는 별다른 병충해가 발생하지 않으므로 잡초 방제에 신경을 쓴다.

열매 채소 채소 작물

03

가지
고추
아삭이고추(오이맛고추)
오이
동아
호박
수세미오이

안토시아닌 색소를 가장 많이 함유한
가지

가지과 한해살이풀 *Solanum melongena* 꽃 : 6~9월 높이 : 60~100cm

월별 재배 일지	1	2	3	4	5	6	7	8	9	10	11	12
육묘하기				■								
아주심기					■							
순따기					■■■■■■							
밑거름 & 웃거름						■ ■ ■ ■ ■						
수확하기						■■■■■■■■■						

꽃

정확한 원산지는 불분명하지만 대체적으로 인도를 원산지로 보고 있다. 인도의 열대 지방에서는 여러해살이풀이지만 국내에서는 한해살이풀로 취급한다. 줄기는 높이 60~100cm 정도로 자라고 회색의 별 모양으로 갈라진 털이 있다. 어긋난 잎은 길이 15~35cm 정도이며 긴 잎자루가 있고, 난상 타원형으로서 가장자리가 밋밋하거나 약간의 물결 모양이다.

 6~9월에 피는 꽃은 종 모양이고 자주색이지만 빛이 바랜 흰색인 경우도 있다. 꽃의 지름은 3cm 내외, 꽃부리는 5개로 깊게 갈라지고

수술은 5개, 꽃밥은 황색이다.

열매는 흑색에서 자색으로 익고 9월에 성숙한다. 열매에 함유된 안토시아닌 색소는 항산화와 시력에 좋은 성분인데, 특히 노안 같은 시력 장애에 효능이 높다.

튼실한 열매를 얻으려면 생장 초기에 순따기와 곁가지치기를 하는 것이 좋다.

1 화단 가지 농사
2 모종

채취한 열매

식용 방법
가지의 열매는 많이 섭취할수록 시력에 도움이 된다. 날것으로 섭취할 경우 약간의 독성이 있으므로 가지찜으로 먹는데 서양에서는 구이, 스튜, 카레에 넣어 먹기도 한다. 당근 따위의 야채처럼 카레 요리에 넣어 끓이면 독특한 식감이 인상적이고 찜을 할 가스비를 절감할 수 있다.

약용 및 효능
수렴, 해독, 회복, 칼륨, 비타민, 다이어트 효능이 있다. 열매는 특히 혈중 콜레스테롤 수준을 낮추거나 고혈압에 효능이 있고 독버섯 중독에 해독제로 사용할 수 있다. 어린잎은 약간의 독성이 있으므로 식용하지 않으나 어린잎을 달여 각종 염증에 외용하거나 내출혈에 사용한다. 암자색으로 성숙한 잎은 독성이 심하므로 약용을 피하고 약용할 경우 각종 염증의 외용 목적으로 사용한다.

재배 환경
용기 재배
수경(양액) 재배
베란다 텃밭
노지(옥상) 텃밭

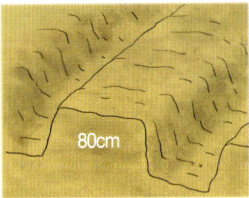
토양 준비하기
권장 토양인 밭흙 50%, 퇴비 50%에서 잘 자란다. 이랑 너비는 80cm로 준비한다.

트레이에서 포트로 옮겨 육묘한다.

씨앗으로 재배하기
4월 중순에 트레이에 파종한 뒤 싹이 나면 덩치가 커서 비좁기 때문에 포트에 옮긴 뒤 육묘한다. 육묘 기간 동안 차가운 봄 기온에 노출되는 것을 피한다.

모종으로 재배하기
5월 초에 40~50cm 간격으로 텃밭에 심는다. 지주대를 1대 1로 설치한다. 성장 초기에는 수분을 풍족하게 공급한다.

줄기와 잎 사이에서 자라는 곁가지를 해야 좋은 열매가 생산된다.

재배 관리하기
첫 꽃이 올라오면 꽃 아래쪽 곁가지치기를 전부 하고 때때로 순따기를 하여 튼실한 열매가 생기도록 한다.
열매가 자라기 시작하면 쓰러지지 않도록 줄기를 지지대에 묶어준다.

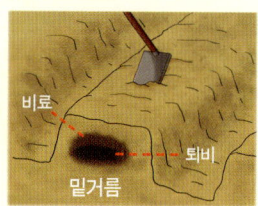

비료 준비하기
텃밭에 모종을 심은 뒤부터 23~30일 간격으로 웃거름을 준다.

수확하기
6월 중순~10월 사이에 열매를 필요한 분량만큼 수확해 식용한다.
수확을 완전히 끝낸 가을에는 뿌리채 뽑아 정리한다.

그 외 파종 정보 & 병충해
진딧물을 예방하려면 밭을 만드는 초기에 진딧물 방제약을 1회 살포한다. 열매가 썩는 잿빛곰팡이병은 장마철 때 발생하기 쉬우므로 장마철 전에 잿빛곰팡이병 방제약을 1회 밭두둑 전체에 살포한다.

가정에서 흔히 기르는
고추

가지과 한해/여러해살이풀 *Capsicum annuum* 꽃 : 6~8월 높이 : 0.6~1.5m

월별 재배 일지	1	2	3	4	5	6	7	8	9	10	11	12
육묘하기												
아주심기												
곁가지치기												
밑거름 & 웃거름												
수확하기												

꽃

　열대 남미 원산이지만 정확한 원산지는 어디인지 알려지지 않았다. 열대 지방에서는 여러해살이풀이지만 국내에서는 한해살이풀로 취급한다.

　줄기는 높이 60~150cm 정도로 자라고 약간의 털이 있다. 어긋난 잎은 잎자루가 길고 난상 피침형이며 가장자리가 밋밋하다. 잎은 고

추잎 나물이라고 하여 데쳐서 양념하여 무쳐 먹는다.

고추의 꽃은 6~8월에 잎 겨드랑이에서 1~3송이가 흰색으로 달린다. 녹색의 꽃받침은 끝이 5개로 갈라지고 흰색의 꽃부리는 끝이 5~9개로 깊게 갈라진다. 꽃의 지름은 12~18mm 정도이고, 품종에 따라 수술은 3~7개이고 꽃밥은 황색이다. 열매는 길이가 5~10cm 정도이고 녹색에서 적색으로 익는다. 열매의 이름은 '고추' 이고 고춧가루나 고추장을 만들 때 사용한다.

고추가 국내에 들어온 것은 임진왜란 전후로 보이지만 오히려 임진왜란 때는 한국에서 일본으로 고추가 전래되었다는 설이 있으므로 정확한 유래는 알려지지 않았다.

1 열매
2 담장 옆 고추 텃밭
3 잎
4 고추 꽃과 고추 열매
5 수확한 고추
6 화분으로 키우는 고추

우리나라에서는 1600년대부터 고춧가루를 사용한 김치가 나타나기 시작하였으므로 최소한 그 무렵에 고추가 우리나라 전국에 알려진 것으로 보고 있다. 이 때문이 이성계가 진상받은 순창 고추장은 고춧가루를 사용하지 않은 메주 등으로 만든 장이었다는 설도 있다.

식용 방법
청고추는 고추장이나 된장에 찍어 먹고 붉은 고추는 김치를 담그거나 햇볕에 잘 말린 뒤 고춧가루를 만든다. 고춧가루는 각종 요리의 양념으로 사용한다.

약용 및 효능
방부, 발한, 소화, 류머티즘, 자극, 발적, 침 분비, 치질, 신경쇠약, 천식, 병후 회복에 효능이 있다. 또한 외부 염좌, 동상, 신경통, 늑막염에도 효능이 있다. 고추를 수확한 뒤 햇볕에 잘 말린 뒤 증상에 따라 0.9~2.4g을 환이나 가루로 만들어 복용하는데 구토, 하리 등에 효능이 있다. 동상, 염좌, 류머티즘에는 9~10월에 채취한 잎을 달여서 바른다. 초기 감기에는 콩나물 국에 고춧가루를 넣어 먹는다.

재배 환경
용기 재배
수경(양액) 재배
베란다 텃밭
노지(옥상) 텃밭

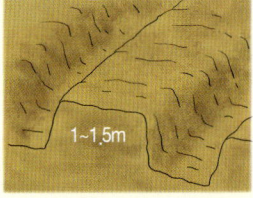

토양 준비하기
비옥한 토양에서 잘 자란다. 이랑 너비는 1~1.5m로 준비한다.

트레이에 고추 씨앗을 파종한다.

씨앗으로 재배하기
2~3월에 트레이 또는 묘판에 상토를 넣고 파종한 뒤 따뜻한 곳에서 2개월 정도 육묘한다. 트레이에 파종할 때는 트레이당 1~2립씩 파종하고 묘판에 파종할 때는 씨앗이 겹치지 않도록 배열하고 흙을 덮는다.

모종으로 재배하기
4~5월 중순에 모종을 30~40cm 간격으로 텃밭에 아주 심는다. 1대 1 지주대를 설치한다.

곁가지를 칠 때는 Y자 줄기 하단부에서만 한다.

재배 관리하기
모종에 첫 꽃이나 첫 열매가 있을 경우에는 제거하여 나중에 생길 꽃과 열매에 영양분이 가도록 한다. 상단의 Y자로 갈라진 줄기를 기준으로 Y자 아래쪽에 있는 곁가지는 전부 제거해 열매로 영양분이 가도록 한다. 곁가지치기는 2~3회 실시한다.

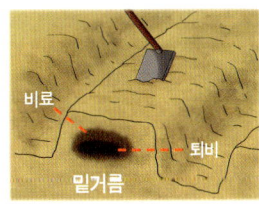

비료 준비하기
밭두둑을 만들 때 밑거름은 퇴비, 계분, 석회를 사용한다. 웃거름은 월 1회 발효 퇴비를 준다.

수확하기
꽃이 핀 후 15일 전후에 풋고추를, 2개월 뒤에 붉은 고추를 수확한다.

그 외 파종 정보 & 병충해
고추는 열매를 따 먹는 작물이므로 농약 사용을 자제한다. 일반적으로 고추 옆에 들깨를 함께 심으면 병충해를 퇴치하는 효과가 있다. 가정에서 고추를 키울 때는 모종으로 기르는 것이 좋으며, 수경 재배 할 경우 고추 잎을 원할 때마다 수확할 수 있다.

매운 맛 대신 오이 맛이 나는
아삭이고추(오이맛고추)

가지과 한해살이풀 *Capsicum annuum* 꽃: 6~9월 높이: 60~100cm

월별 재배 일지	1	2	3	4	5	6	7	8	9	10	11	12
씨뿌리기		■	■			■						
아주심기				■	■		■	■				
곁가지치기												
밑거름 & 웃거름				■	■		■	■				
수확하기							■	■		■	■	

꽃

    멕시코 고추 품종을 우리 입맛에 맞게 개량한 품종들로 일명 맛고추 품종, 길상고추 품종, 퍼펙토 품종 등이 있다. 흔히들 아삭거리는 식감을 가진 고추는 '아삭이고추'라고 하고, 오이 맛이 나는 고추는

'오이고추'라고도 한다.

  고추의 크기는 일반 고추에 비해 2~3배 정도 크고 일반적인 고추와 달리 노지보다는 비닐하우스에서 재배한다. 따라서 가정에서 키우려면 베란다에서 키우는 것이 좋다.

  퍼펙토 품종의 아삭이고추는 날것으로 먹거나 절임용의 장아찌를 담글 때 사용한다. 길상고추 품종인 오이맛고추는 날것으로 먹거나 소박이김치, 튀김용으로 사용하는데 둘 다 매운 맛과 순한 맛 품종이 있지만 날씨에 따라 매운 맛이 가감되는 경우도 있다.

1 꽃
2 전초

아삭이고추

아삭이고추 간장 장아찌
물 5컵과 간장 2/5컵, 소금 2큰술, 신화당 1/4 티스푼을 넣은 뒤 펄 펄 끓여낸다. 2L 용기에 끓인 물과 아삭이고추 800g, 마늘 몇 쪽, 생강 한 쪽, 식초 1/2컵을 넣는다. 24시간 동안 냉장고에 저장한 뒤 장아찌를 썰어내 온다.

재배 환경
용기 재배
수경(양액) 재배
베란다 텃밭
노지(옥상) 텃밭

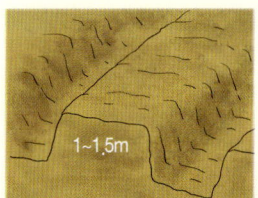
토양 준비하기
일반 밭흙에서 잘 자란다. 용기에서 재배할 경우 상토+퇴비를 혼합해서 사용한다.

씨앗으로 재배하기
2~3월, 6월, 11월에 포트에 파종한 뒤 온상에서 육묘한다. 품종마다 파종 시기가 조금 다를 수 있으므로 종자 포장지의 파종 날짜를 지킨다.

모종으로 재배하기
봄에는 4~5월, 여름에는 7~8월에 모종을 아주 심는다. 30~40cm 간격을 유지하고 1대 1 지주대를 설치한다.

재배 관리하기
멕시코산 계량종이므로 노지 재배시 비닐 피복을 하거나 비닐하우스가 필요하다. 가정집 정원에서 키울 경우 핫캡을 씌우고 아래쪽에 공기가 순환되도록 구멍을 낸다. 어느 정도 성장하면 줄기가 쓰러지지 않도록 지지대에 묶어준다.

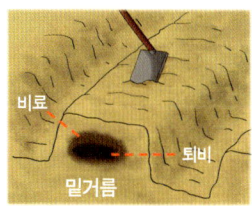

비료 준비하기
밭흙일 경우 밑거름은 퇴비, 계분 등을 사용해 밭두둑을 만든다. 필요한 경우 복합비료를 섞는다.

수확하기
4~5월에 심은 것은 6~8월에, 7~8월에 심은 것은 9~11월에 수확한다.

그 외 파종 정보 & 병충해
병충해에 비교적 강하지만 추위에는 약하다.

피부 마사지로 인기 있는
오이

박과 한해살이풀 *Cucumis sativus* 꽃 : 5~6월 길이 : 2m

월별 재배 일지	1	2	3	4	5	6	7	8	9	10	11	12
육묘하기			■	■	■	■						
아주심기					■	■						
순자르기					■	■	■	■				
밑거름 & 웃거름					■	■	■	■	■			
수확하기							■	■	■			

열매

　인도 동부 원산의 덩굴성 한해살이풀인 오이는 약 3천 년 전부터 재배해 온 작물이다. 고대 그리스와 로마를 거쳐 동유럽에 전래된 오이는 8~9세기 전후에 유럽 전역에 전래된 것으로 추정된다. 오이를 좋아한 로마 황제 티베리우스는 항상 식탁에 오이가 오르도록 지금

1 전초 2 꽃과 어린 열매 3 잎과 열매

의 하우스 시설과 비슷한 시설로 오이를 재배하게 하였고, 프랑스의 샤를마뉴 대제 역시 자신의 정원에서 오이를 키운 왕으로 유명하다.

오이는 원래 호박처럼 굵은 형태였으나 여러 가지 개량종이 나오면서 지금처럼 기다란 형태가 나타난 것으로 추정되며, 채소류 중에서는 전 세계에서 흔히 키우는 유명한 작물이다.

오이의 줄기는 길이 2m 내외로 자라고 덩굴 성질이 있다. 어긋난 잎은 잎자루가 길고, 잎의 길이는 8~15cm 내외, 잎의 가장자리는 얇게 갈라지고 갈라진 부분이 뾰족하고 톱니가 있다.

5~6월에 피는 수꽃은 지름 3cm 내외, 꽃부리가 5개로 갈라지고 수술은 3개이다. 암꽃은 밑의 씨방에 있으므로 열매가 달리는 모습을 보면 꽃 밑에 열매가 달리는 형태이다. 열매는 길이 15~30cm로서 녹색에서 황갈색으로 익는데 품종에 따라 1m까지 자라는 경우도 있고 참외처럼 둥근 형태로 자라는 품종도 있다.

오이는 덩굴 성질이 아주 강하므로 지주대를 설치한 뒤 그물 형태로 유인줄을 설치해야 한다. 지주대나 유인줄로 잡아주지 않으면 열매가 땅에 묻혀 식용할 수 없게 된다.

열매

식용 방법
오이는 다른 농작물에 비해 영양가가 낮지만 섬유질이 매우 풍부하기 때문에 다이어트 음식으로 그만이다. 국내에서의 오이는 일반적으로 날것으로 먹지만 중국 요리를 만들 때는 여러 가지 야채처럼 조리해서 먹는 경우도 있다. 어린잎과 줄기는 익혀서 먹을 수 있고 종자에서 추출한 오일을 식용할 수 있다. 이 오일에는 리놀레산 22%, 올레산 58%, 팔미트산 6.8%가 함유되어 있어 사람에 따라서는 올리브유와 비슷하다고도 말한다.

약용 및 효능
변비, 이뇨, 정화, 피부, 구충에 효능이 있다. 열매 즙은 피부를 부드럽게 하기 위한 목적의 오이 마사지에 사용한다. 씨앗은 이뇨, 강장, 구충에 효능이 있다. 뿌리를 달여 먹으면 이뇨에 효능이 있다.

재배 환경
용기 재배
수경(양액) 재배
베란다 텃밭
노지(옥상) 텃밭

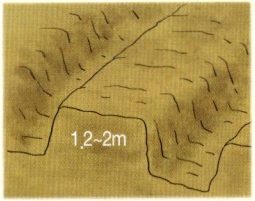
토양 준비하기
비옥한 토양에서 잘 자란다. 이랑 너비는 1.2~2m로 준비한다. 비닐 피복 재배를 권장한다.

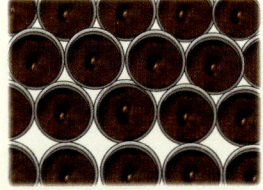
씨앗으로 재배하기
3월 말~7월 중순 사이에 트레이에 상토를 담고 중지 손가락으로 가운데를 누른 뒤 씨앗을 1립씩 파종한 뒤 따뜻한 곳에서 육묘한 뒤 텃밭에 아주 심는다.

모종으로 재배하기
육묘한 모종을 30~35일 뒤에 70x70 간격으로 텃밭에 아주 심은 뒤 지지대를 설치한다.
원예상이나 농촌 시장에서 오이 모종을 구입해서 심어도 된다.

5~6마디 아래쪽에서 자라는 곁가지는 전부 친다.

재배 관리하기
4일 간격으로 수분을 흠뻑 준다. 원줄기가 20~25마디 정도로 자랐을 때 상단부의 새 순을 잘라내는 순지르기를 한다. 곁가지치지는 5~6마디 이하에서 자라는 곁가지를 전부 친다.

비료 준비하기
모종을 심기 10~20일 전에 밑거름을 충분히 주고 밭을 갈아엎어 밭두둑을 만든다. 수확기에는 2주에 한 번 추가 비료를 준다. 늙은 잎은 즉시 제거하고, 수확 후기에 기형 오이가 발생하면 퇴비를 보충한다.

수확하기
암꽃이 진 뒤 10일 전후에 수확하되 계속 꽃이 피므로 계속 수확한다.

그 외 파종 정보 & 병충해
오이를 수경 재배 할 때는 열매의 무게가 있기 때문에 미니오이 품종을 재배한다. 오이를 노지 재배 할 경우 노균병이 잘 발생하므로 미리 방제한다. 4월경 노지에 씨앗을 파종한 경우 발아가 매우 늦으므로 모종으로 육묘하는 것이 좋다.

겨울 멜론이라고 불리는
동아

박과 한해살이풀 *Benincasa hispida* 꽃 : 7~8월 길이 : 2m

월별 재배 일지	1	2	3	4	5	6	7	8	9	10	11	12
씨뿌리기			■									
아주심기					■							
순자르기						■						
밑거름 & 웃거름					■	■	■					
수확하기										■		

꽃

　인도 원산이지만 아시아 열대 지역과 중국에 널리 귀화하였다. 국내에는 약용식물로 소개되었지만 영어로 Winter melon이라고 불릴 정도로 동남아시아와 중국에서 야채용으로 즐겨 먹는다.
　줄기는 호박처럼 덩굴 성질이 있고 꽃의 모양도 호박꽃과 비슷하

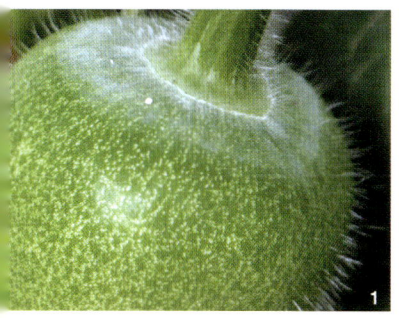

1 열매의 잔털
2 잎
3 전초
4 60cm 길이의 열매

다. 어긋난 잎은 둥근 심장형, 가장자리가 5~7개로 얕게 갈라지고, 톱니가 있다. 노란색의 꽃은 꽃잎의 가장자리가 5개로 갈라진다.

열매는 원형이거나 타원형이고 길이 60~90cm까지 자라고 무게는 10kg까지 나가는 경우도 있다.

열매의 표면에는 잔털이 수북이 있지만 성숙하면 잔털이 없어진다.

튼실한 열매를 채소가 귀한 겨울철에 야채 대용으로 먹을 수 있다 하여 Winter Melon(겨울멜론)이라는 이름이 붙었다. 저장성도 아주 뛰어나 12개월 정도 저장할 수 있다.

동아가 국내에 들어온 것은 고려시대 이전으로 추정되지만 일제 강점기 때 잠시 자취를 감추었다가 전라북도 순창에서 특산품으로 재배하던 동아가 충북 영동 등의 여러 지방에 전래되어 재배지가 점점 많아지고 있다.

동아(冬瓜)라는 이름은 겨울에 수확하는 오이와 비슷한 열매라는 뜻에서 붙은 이름이다. 열매의 생김새는 오이 같지만 실제 크기는 어른 허벅지만큼 크다.

식용 방법
우리나라는 동아를 설탕에 졸여 먹거나 강정을 만들어 먹는다. 중국은 동아 튀김으로 먹거나 쇠고기나 돼지고기 국물 요리에 호박처럼 썰어 넣는다. 필리핀에서는 '호피아 빵과자'에 설탕에 졸인 동아를 앙금 비슷하게 넣은 제품이 판매중이다. 베트남은 동아에 설탕 등을 가미해 만든 '비다우 주스'를 판매한다. 인도 남부에서는 카레 요리에 동아를 넣어 먹는다. 또한 호박처럼 윗부분을 딴 뒤 내부에 여러 가지 고기와 야채를 넣어 수프(쇠고기 국 비슷한 요리)를 만들어 먹기도 한다.

약용 및 효능
동아의 종자는 이뇨, 배농에 효능이 있고 과육은 진해, 해독, 피부미용에 좋다. 갈비조림에 동아를 넣어 섭취하면 모유를 촉진한다. 인도 아유르베다 의학은 동아 과실로 만든 신선한 주스가 신장 결석에 좋다고 한다. 종자와 우유를 함께 졸인 뒤 섭취하면 남성의 정자 수가 늘어나고 정자 활동이 활발해진다고도 말한다.

재배 환경
용기 재배
수경(양액) 재배
베란다 텃밭
노지(옥상) 텃밭

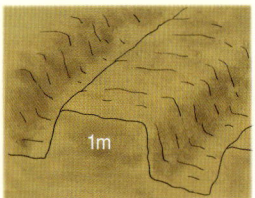
토양 준비하기
알칼리성 비옥토에서 잘 자란다. 이랑 너비는 1m로 준비하고 수분에 약하므로 고랑을 깊게 판다.

씨앗으로 재배하기
3월 중순에 물에 24시간 담근 다음 축축한 천에서 4일 동안 발아시킨 뒤 트레이에 심어 육묘한다.

축축한 수건에서 동아 씨앗을 발아시킨다.

모종으로 재배하기
5월 초중순에 육묘한 모종을 텃밭에 정식한다.
추천하는 재식 간격은 2x1m 간격이다.

5마디 자랐을 때 원줄기 상단을 순지르기 한다.

재배 관리하기
어미덩굴과 아들덩굴 2개를 각각 5마디 정도 자랐을 때 1회 순지르기 한다.
그 외 손자 덩굴은 자라기 전 순지르기를 하면 큰 열매를 얻을 수 있다.

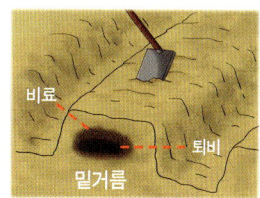

비료 준비하기
아주 심기 2주 전에 퇴비 등의 밑거름을 듬뿍 주어 밭두둑을 만든다. 모종을 정식한 뒤에는 초기 2개월간 2회 추비한다.

수확하기
10월 초에 열매를 수확한 뒤 남은 줄기들은 뽑아 뒷정리한다.

그 외 파종 정보 & 병충해
동아의 병충해로는 줄기마름병, 균핵병, 역병 등이 있으므로 조기 방제한다.

텃밭에서 호박 기르기
호박

박과 한해살이풀 *Cucurbita moschata* 꽃 : 6~10월 길이 : 2m

월별 재배 일지	1	2	3	4	5	6	7	8	9	10	11	12
씨뿌리기			■	■■								
아주심기					■							
순자르기						■	■■					
밑거름 & 웃거름					■	■	■	■				
수확하기						■	■■	■				

▶ 주택에서 키우는 호박

　호박은 정확하지 않지만 아메리카 대륙을 원산지로 보고 있다. 17세기경 우리나라에 전래된 *Cucurbita moschata* 품종은 동아시아 열대 지역에 분포하지만 페루의 BC 4000년경 유적지에서 재배 흔적

이 발견되어 페루와 멕시코 등의 중남미 열대 지방을 원산지로 보고 있다.

이 품종은 특별히 동양계 호박으로 분류하는데 동양계 호박으로는 조선호박, 당호박, 애호박 등이 있다.

건강식으로 즐기는 단호박은 서양계 호박(C. maxima)으로서 남미가 원산지이고 주로 쪄서 먹는다. 호박에서 밤과 고구마 맛이 난다고 해서 밤호박이라고도 불린다. 근래에 들어 수출용으로 육성된 것이 국내에서 건강식이라는 이름으로 인기를 끌고 있다.

페포계 호박(Cucurbita pepo)은 북중미 원산의 호박을 말하며 대표적으로 주키니호박이 있다. 애호박처럼 기다란 형태이지만

1 전초
2 꽃
3 열매

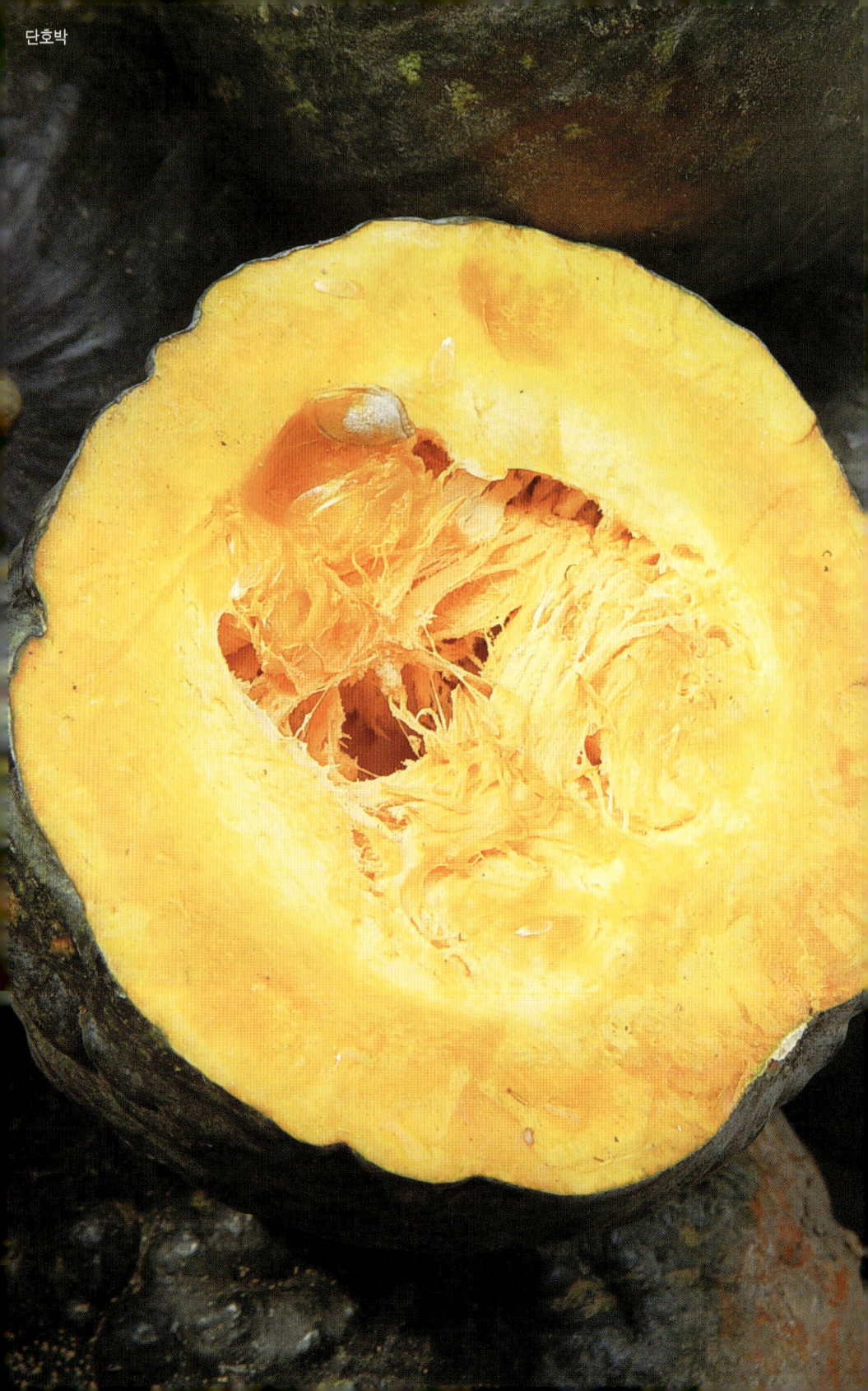

단호박

암꽃과 열매

녹색 색상이 짙고 밝은 무늬가 있다. 주키니호박은 국내의 애호박처럼 된장국에 흔히 넣어 먹는다.

호박의 줄기는 오각형으로 모가 지고 긴 털이 빽빽하게 나 있다. 어긋난 잎은 잎자루가 길고 잎의 가장자리는 5개로 얇게 갈라지고 톱니가 있다. 잎의 전체적인 모양은 심장 모양이거나 콩팥 모양이다.

호박꽃은 6월부터 늦가을 사이에 잎 겨드랑에서 1개씩 달린다. 암꽃과 수꽃이 따로 있고, 열매는 10월에 익는다. 열매의 모양과 크기는 품종에 따라 편차가 많이 있다.

조선호박

애호박

주키니호박

열매 채소 작물 131

식용 방법
호박은 개량종이 매우 많기 때문에 먹는 방법도 다양하다. 일반적으로 길쭉한 모양이나 타원형이지만 작은 크기의 호박들은 된장국이나 호박나물무침으로 먹는다. 호박 잎은 살짝 데친 뒤 된장에 찍어 먹는다. 크기가 큰 품종들은 호박빵, 호박떡, 호박엿, 호박정과의 주요 재료가 된다. 호박 꽃은 국물 요리에 넣어 먹고 씨앗은 날것으로 먹거나 조리해 먹는다.

약용 및 효능
호박의 과육은 기를 보하고 종기, 살충, 통증, 해독에 효능이 있다. 뿌리를 달여 먹으면 모유 촉진, 이질, 황달, 임질에 효능이 있다. 줄기는 월경불순, 위통 등에 효능이, 껍질을 벗긴 씨앗을 구워 먹으면 구충제로서의 효능이 있다.

재배 환경
용기 재배
수경(양액) 재배
베란다 텃밭
노지(옥상) 텃밭

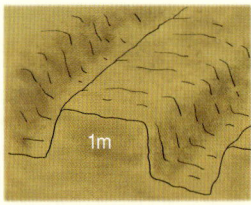
토양 준비하기
비옥한 토양에서 잘 자란다. 이랑 너비는 1m로 준비한다. 자연적으로 덩굴이 기어 올라가도록 밭 주변의 언덕과 짜투리 땅에 심거나 농가의 담장 옆에 심는다.

씨앗으로 재배하기
4월 중순~5월 상순에 노지에 점뿌리기로 파종한다. 구멍 중심에 1립을 심고 주변에 2~3립 추가로 심은 뒤 1cm 높이로 흙을 덮는다. 육묘할 경우 3월 초 트레이에 파종한 뒤 육묘한다.

모종으로 재배하기
3월 초 트레이에 파종해 육묘한 경우에는 5월 초 모종의 잎이 4~5매일 때 밭에 아주 심는다. 재식 간격은 60x60cm로 한다. 가정에서 심을 경우 지주대를 설치한다.

재배 관리하기
어미덩굴과 아들덩굴을 합쳐 3개 정도만 남긴다. 각각 5마디 정도 자랐을 때 원줄기 상단을 순지르기한다. 나머지 덩굴은 자라기 전 순지르기한다.

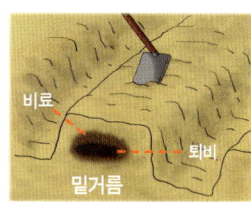

비료 준비하기
텃밭에 정식하기 10일 전에 밑거름과 복합비료를 충분히 주고 밭두둑을 만든다. 한 달 간격으로 웃거름을 추가한다.

수확하기
6~9월에 열매를 수확해 식용한다.

그 외 파종 정보 & 병충해
노균병, 검은별무늬병 등은 종자소독 후 파종하면 발생하지 않으므로 미리 소독된 종자를 구입해 심는다. 역병, 흰가루병 등이 발생하면 제때 능동적으로 방제한다.

약용하고 미용용으로 사용하는
수세미오이

박과 한해살이풀 *Luffa aegyptica* 꽃 : 8~9월 길이 : 1~2m

월별 재배 일지	1	2	3	4	5	6	7	8	9	10	11	12
육묘하기				■								
아주심기					■							
순자르기						■						
밑거름 & 웃거름					■							
수확하기								■	■	■		

꽃

 열대 아프리카 원산이지만 전 세계의 열대 지역에서 흔히 자란다. 옛날에 수세미 대용으로 사용하였다 하여 '수세미'라고도 불린다. 국내에서는 수세미오이를 식용하지 않지만 어린 열매는 오이처럼 식용이 가능하다. 성숙한 열매는 햇빛에 말려 수세미를 만들거나 약용 목적으로 사용할 수 있다.

수세미오이의 줄기는 길이 2m 내외로 자라고 잎은 오이 잎이나 호박 잎과 비슷하지만 단풍 잎처럼 깊게 갈라지는 잎도 있다. 8~9월에 피는 꽃은 암수한그루이다. 수꽃은 총상화서로 피고 암꽃은 1개씩 달린다. 꽃의 지름은 5~10cm 내외, 가장자리가 5개로 갈라지고, 암술대는 2~3개로 갈라진다.

9월에 익는 열매는 애호박이나 주키니호박처럼 긴 원통형이지만, 열매 표면에 골이 있으므로 쉽게 구별할 수 있다.

1 열매
2 주택 집 옥상 텃밭의 수세미오이

식용 방법
어린 열매는 오이처럼 식용하고 꽃은 날것으로 식용하거나 국물 요리에 넣는다. 종자는 껍질을 벗긴 뒤 구워 먹는다. 성숙한 열매의 과육을 벗긴 뒤 햇빛에 잘 말리면 열매가 스폰지처럼 변하는데 이때 종이 형태로 오려내면 지푸라기 같은 섬유질이 보인다. 이 섬유질 껍질은 욕조나 설거지를 할 때 수세미처럼 사용할 수 있을 뿐 아니라 때타올처럼 피부각질을 벗겨 내거나 혈액순환을 원활히 할 때 사용한다. 또한 건축자재를 만들 때도 사용할 수 있다.

약용 및 효능
가을에 줄기 아래에서 30cm 위를 자르면 수액이 나오므로 이 수액을 받아 화장수로 사용한다. 수액을 약용하면 두통, 복통, 주독에 효능이 있다. 열매를 햇볕에 말린 뒤 달여 먹으면 해수, 두통, 모유촉진, 축농증, 매독, 종양, 기관지염 등에 효능이 있다. 줄기는 치통에 효능이 있고, 뿌리는 인후염, 후두염에 좋고 피를 잘 돌게 한다. 종자 기름은 나병이나 피부 질환에 바른다.

재배 환경
용기 재배
수경(양액) 재배
베란다 텃밭
노지(옥상) 텃밭

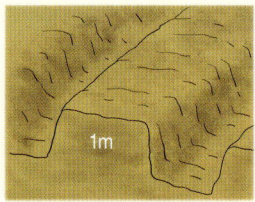
토양 준비하기
비옥한 토양을 좋아한다. 이랑 너비는 1m로 준비한다.

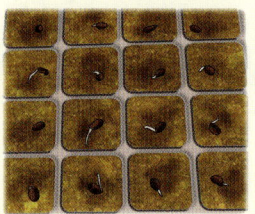
육묘하기
4월 상순에 트레이에 파종한 뒤 따뜻한 장소에서 육묘한다.

모종으로 재배하기
5월에 모종의 잎이 2~3매일 때 텃밭에 정식한 뒤 지주대와 유인줄을 설치한다.

재배 관리하기
아들덩굴이 나오면 어미덩굴을 순지르기하여(어미덩굴의 5마디에서 순지르기) 아들덩굴로 영양분이 가게 한다. 아들덩굴이 자라도록 지지대에 묶거나 유인줄로 유인한다.

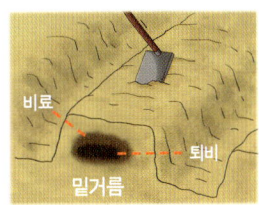

비료 준비하기
밭두둑을 만들기 전 밑거름을 주고, 필요한 경우 웃거름을 준다.

수확하기
식용 목적의 어린 열매는 여름에 개화한 뒤 일주일 이내에 수확하면 식용할 수 있다.
조금 늦게 수확하면 식용이 불가능하므로 다른 용도로 사용한다.

그 외 파종 정보 & 병충해
특별히 신경 써야 할 병충해가 없지만 병충해가 발생하면 제때 방제한다.

뿌리 채소 텃밭 작물

감자
고구마
무
당근
도라지
토란
우엉
양파
마늘
생강 & 울금

세계인이 즐겨 먹는
감자

가지과 여러해살이풀 *Solanum tuberosum* 꽃 : 6월 높이 : 60~100cm

월별 재배 일지	1	2	3	4	5	6	7	8	9	10	11	12
씨감자 심기			■	■								
아주심기					■							
솎아내기					■	■	■					
밑거름 & 웃거름				■	■	■	■	■				
수확하기						■	■	■	■			

덩이줄기가 노출되지 않도록 북주기를 자주 한다.

 미국 남부, 콜롬비아, 페루, 안데스산맥의 고산지대를 원산지로 보고 있지만 정확한 야생상의 원산지는 밝혀지지 않았다. 땅속 덩이줄기를 감자라고 하여 식용한다.
 줄기는 높이 60~200cm 내외로 자라고 어긋난 잎은 1회깃꼴겹잎

1 꽃
2 모종
3 채취한 감자
4 감자 덩이줄기

으로 작은 잎이 5~9개씩 달려 있고, 작은잎 사이에는 더 작은 잎몸이 붙어 있다.

  꽃은 5월 말이나 6월에 피고 꽃의 색상은 흰색이거나 자주색이다. 꽃 모양은 잔 모양이고 꽃받침은 5개로 갈라진다. 수술은 5개, 암술은 1개이고 꽃밥은 노란색이고 그 안에 암술대가 있다. 열매는 지름 1~2cm 정도의 둥근 모양이고 황록색으로 익는다.

  땅속 줄기를 캐면 둥근 모양의 감자가 나온다. 건조시킨 감자 100g은 전분 17%에 수분 75%로 이루어져 있는데 평균적으로 약 10%가 단백질 물질이고 칼슘 10mg, 인 51mg, 철 0.8mg, 칼륨 401mg, 비타민 A 20mg, 티아민(B1) 0.9mg, 비타민 C 20mg이 함유되어 있다. 100g당 칼로리는 약 80칼로리이므로 식사 대용으로 안성맞춤이다.

  감자는 일반적으로 성숙한 감자를 식용하는 것이 좋으며, 녹색끼가 도는 미성숙 감자는 약간의 식물 독이 있으므로 식용을 피한다.

식용 방법
감자는 찜으로 먹거나 구워 먹는 등 주로 익혀서 먹는다. 고등어 같은 각종 생선찜에 넣어 익혀 먹거나 감자탕에 넣어 먹기도 한다. 채를 썰어 볶아 먹기도 한다. 가루를 내어 만든 감자전분은 각종 튀김 요리에 사용한다.

약용 및 효능
감자를 달여서 복용하면 부족한 기를 보충하고 식욕부진, 소화불량, 소염, 구강 염증에 효능이 있다. 화상에는 달인 물을 외용한다.

재배 환경
용기 재배
수경(양액) 재배
베란다 텃밭
노지(옥상) 텃밭

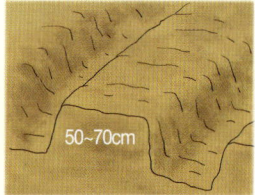
토양 준비하기
약산성 사질 옥토에서 잘 자란다. 이랑 너비는 50~70cm로 준비하고, 배수가 잘 되도록 고랑을 깊게 판다. 비닐 멀칭 재배를 한다.

씨감자로 재배하기
2월 중순~3월에 배양토에 씨감자를 잘라 심어 따뜻한 곳에서 25일 가량 싹을 틔운다.

모종으로 재배하기
육묘한 모종을 3월 중순~4월에 밭에 아주 심는다. 먼저 밭을 멀칭한 뒤 70~80cm 간격으로 심을 곳마다 구멍을 낸 뒤 모종을 심으면 된다. 이때 모종 대신 씨감자를 심어도 된다.

재배 관리하기
텃밭에 심은 뒤 발아를 하면 여러 개의 줄기가 올라온다. 이때 10일 내로 2개 정도의 줄기만 남기고 순지르기를 해야 씨알 좋은 감자를 얻을 수 있다. 순지르기할 때 북주기를 병행한다.

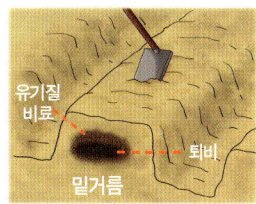

비료 준비하기
모종을 심기 전 퇴비와 닭똥 등의 유기질 비료를 섞어 밑거름으로 사용한 뒤 밭두둑을 만든다.

수확하기
심은 뒤 100일 정도 지나 줄기가 노랗게 변했을 때 무게가 80g 이상인 감자를 수확한다.

그 외 파종 정보 & 병충해
감자를 재배할 때 잘 걸리는 감자더뎅이병의 발병률을 낮추려면 약산성 토양이 좋다. 병충해에 강한 씨감자로는 강원도 고랭지 씨감자가 좋다. 참고로, 감자의 경우처럼 뿌리를 먹는 작물들은 수경 재배로 좋은 뿌리를 얻을 수 없기 때문에 가정에서 수경 재배를 할 필요가 없다.

뿌리 채소 텃밭 작물 **143**

| 참고 |

씨감자 소독하기

 2월 중순~3월에 일반 감자를 사용해도 상관없지만 가급적 씨감자를 준비한다. 감자의 표면에서 움푹 들어간 부분이 싹이 나는 부분이다. 움푹 들어간 곳 중 작은 뿌리가 있는 부분은 싹이 나지 않는다.

칼을 모닥불에 소독한 뒤 씨눈이 한두 개씩 들어가도록 감자를 2~3토막으로 나눈다.

 씨감자의 절단면은 병충해 방지를 위해 나뭇재로 발라 소독한 뒤 트레이에 씨눈을 위로 하여 심은 뒤 통풍이 잘 되는 곳에서 25~30일 가량 육모하여 싹을 틔운다.

 3월 중순~4월 사이에 모종을 밭에 5~10cm 깊이로 심는다. 만일 육보하지 않은 경우 이 시기에 밭두둑을 벌칭한 뒤 씨감자를 흙에 바로 심는다. 싹이 손가락 3~4마디 길이로 자라면 잎 1~2개만 남기고 순지르기하고, 싹이 손가락 5마디 길이로 자라면 때때로 시간 있을 때마다 북주기한다.

남미에서 온 식량 자원
고구마

메꽃과 한해살이풀 *Ipomoea batatas* 꽃 : 7~8월 길이 : 3m

월별 재배 일지	1	2	3	4	5	6	7	8	9	10	11	12
씨고구마 심기				■								
고구마순 심기					■							
김내기						■	■					
밑거름 & 웃거름				■	■			■				
수확하기									■	■		

꽃

    열대 아메리카 원산인 고구마는 17세기경 일본을 통해 도입되었다. 최대 3m 정도로 자라는 줄기는 땅을 기면서 자라고, 땅과 닿는 줄기에서 뿌리가 내린다. 뿌리는 덩이뿌리 모양인데 이를 고구마라고 하고 사람이 식용한다. 어긋난 잎은 잎자루가 길며 잎의 모양은 삼각형이고 깊게 갈라지는 경우도 있다.

꽃은 잎겨드랑이에서 7~8월에 홍자색으로 피는데 보통 여러 송이가 함께 피고 꽃의 모양은 작은 나팔꽃과 비슷하다. 꽃에는 5개의 수술과 1개의 암술이 있다. 열매는 둥근 모양이고 열매 안이 여러 칸으로 나누어져 종자를 맺는다.

역사적으로 고구마는 약 5천 년 전부터 재배한 것으로 추정하지만 최근 남미의 기원전 8000년 된 유적지에서 고구마의 흔적이 발견되

채취한 밤고구마

1 전초
2 잎
3 뿌리
4 기는 줄기에서 나오는 뿌리
5 비닐 피복 재배
6 고구마대라고 불리는 잎자루

어 그보다 오래 전부터 재배한 작물로 추정되고 있다.

　신대륙에서의 고구마는 AD 700년 전후 태평양 연안의 도서 지역에 전파된 뒤 이후 몇 세기에 걸쳐 일본이나 필리핀 등지로 전래된 것으로 추정된다.

　우리나라에는 일본을 통해 16세기 전후에 들어온 것으로 추정하지만 필리핀의 고구마가 중국을 경유해 우리나라에 전래되었다는 설도 있다.

　중국은 고구마 최대 생산국으로서 절반 이상을 가축 사료용으로 사용하고 있다. 그 외 아프리카 지역에서는 식량 자원으로, 열대 아시아와 일본 등지에서 대규모로 재배하고 있지만 중국이 세계 생산량의 3분의 2를, 나머지 국가가 3분의 1을 차지할 정도로 생산량의 편차가 심하다.

식용 방법

고구마는 쌀을 먹지 않는 대부분의 국가에서 감자와 함께 주식으로 먹는 주요한 식량 자원이다. 우리나라의 밤고구마처럼 이들 나라에서도 대개 달콤한 맛의 고구마를 선호한다. 보통 익혀 먹거나 튀겨 먹지만 알코올을 추출해 알코올 음료를 만들거나 비타민 B12를 추출해 영양제를 만들고, 전분을 만들어 튀김 요리에 사용하기도 한다. 국내에서는 고구마의 잎자루를 '고구마대'라고 하여 갈치 같은 생선 요리를 졸일 때 함께 먹는다. 고구마의 100g당 성분은 당질 27%, 단백질 1.3% 등이다.

약용 및 효능

고구마를 날것으로 먹거나 삶아 먹는 것만으로도 몸을 보하고 피를 잘 돌게 할 뿐만 아니라 변비에도 효능이 있다. 잎 20g을 달여 복용하면 구토, 설사, 피똥, 외음부의 심한 출혈 등에 효능이 있다. 화상에는 신선한 종자를 짓이겨 바르면 효능이 있다.

재배 환경

- 용기 재배
- 수경(양액) 재배
- 베란다 텃밭
- 노지(옥상) 텃밭

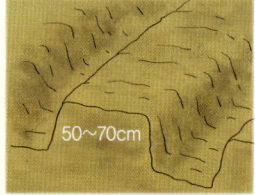

토양 준비하기

토양을 가리지 않으나 비옥한 사질 양토에서 잘 자란다. 이랑 너비는 50~70cm로 준비한다. 4~5월 초순에 파종할 때는 비닐 피복이나 비닐하우스 시설을 준비하는 것이 좋다.

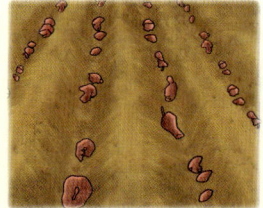

씨고구마로 재배하기

지역 농산 시장에서 씨알 좋은 씨고구마를 구입한다. 4월 하순~5월 초순에 텃밭에 골을 낸 뒤 씨고구마의 등이 위로 향하게 심는다. 감자처럼 절단하지 않고 통째로 심어야 한다.

고구마순으로 재배하기
고구마순으로 심을 경우 5월에 지역 농산 시장에서 파종용 고구마 순을 구입한다. 물에 1~2일 담가 뿌리를 내린 뒤 텃밭에 25cm 간격으로 고구마 순을 심는다.

재배 관리하기
수분은 1주일에 1회 공급한다. 비닐 피복을 하지 않은 경우 6~7월에 김매기를 철저히 하여 잡초가 자라지 않도록 한다.

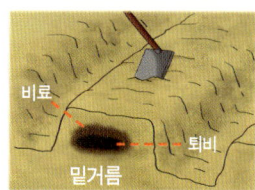

비료 준비하기
밑거름으로 퇴비 등의 유기질 비료를 주고 밭두둑을 만든다. 웃거름은 8월경 칼륨비료나 고구마 전용 거름을 준다.

수확하기
심은 뒤 120일 전후인 9월~10월 초순에 수확한다.

그 외 파종 정보 & 병충해
감자의 경우처럼 심각한 병충해가 없다. 감자처럼 고구마의 표면에서 움푹 들어간 부분이 싹이 나는 부분이다. 고구마 파종은 감자와 달리 칼로 나누지 않고 통째로 심는다. 가뭄에도 상당히 강하므로 다소 건조하게 재배해도 괜찮다. 수경 재배는 잘 되나 좋은 고구마를 수확할 확률이 없다.

맛있는 깍두기 김치로 먹는
무

십자화과 한/두해살이풀 *Raphanus sativus* 꽃 : 4~5월 길이 : 1m

월별 재배 일지	1	2	3	4	5	6	7	8	9	10	11	12
씨뿌리기			■	■				■	■			
아주심기				■								
솎아내기					■	■			■	■		
밑거름 & 웃거름			■	■			■	■	■			
수확하기						■	■				■	

꽃

　무의 원산지는 정확하게 알려진 내용이 없다. 이 때문에 한국인의 밥상에 올라오는 무는 대부분 개량종으로 추정하고 있다. 속명 Raphanus은 '신속하게, 빠르다'를 뜻하는 것으로 발아가 빨리 되는 것을 의미한다. 역사적으로는 그리스, 로마 시대에서부터 뿌리 작물

1 용기에 기르는 무
2 무 싹
3 열무 모종
4 9월 초 김장 무 텃밭
5 제주도의 갯무

로 재배해 온 것으로 추정된다.

무는 줄기가 있지만 잎과 구별하는 것이 애매하고 대신 높이 1m 정도의 긴 꽃대가 줄기처럼 올라온다. 뿌리에서 올라온 잎은 긴타원형의 1회 깃꼴겹잎이고 잔털이 있으며, 갈라진 잎은 윗 부분이 가장 넓다.

꽃은 4~5월에 총상화서로 피고 꽃의 색상은 연한 자주색이거나 흰

무잎

재래종 무

색이다.

  수술은 4개, 암술은 1개이고 꽃잎은 +자 형태로 펼쳐지고 꽃의 지름은 1.2cm 정도이다.

  무의 열매는 견과의 기다란 모양이고 길이 4~6cm 내외, 열매 안에는 적갈색 종자가 들어 있다. 뿌리는 원형, 원통형, 세장형 등이 있다. 무의 종류는 중국에서 들어온 재래종과 일본에서 들어온 종류, 서양무 종류로 분류한다.

  재래종은 길이 20cm 내외로 자라는 두툼한 원통형 무이다. 뿌리가 어렸을 때 수확한 무가 총각무 등이었지만 지금은 총각무, 알타리무, 달랑무, 열무 등 여러 가지 개량종으로 특화되어 있다.

  굵고 긴 형태의 일본 무는 흔히 단무지용으로 사용한다. 서양무는 샐러드용으로 즐겨먹는 뿌리가 빨간 래디쉬(Radish) 종류를 말하고 서양에서 즐겨 먹는다. 갯무는 무 밭에서 날아온 씨앗이 자란 것으로서 뿌리와 잎이 재래종 무에 비해 작고 제주도에서 흔히 자란다.

열무

식용 방법
재래종 무의 뿌리는 깍두기, 김장 김치, 무 생채로 먹고 잎은 건조시켜 시래기국으로 먹는다. 어린 무(알타리무, 열무)는 총각김치를 담가 먹는다. 서양에서는 래디쉬 종류의 어린잎을 샐러드로 먹거나 브로콜리 대용으로 먹는데, 특히 샐러드로 인기만점이다.

약용 및 효능
뿌리는 소화촉진, 강장, 설사, 항균, 구충, 가래, 해독, 당뇨, 이질, 편두통, 코피나는 데, 칼슘 보충에 효능이 있다. 잎은 천식, 트림, 이뇨, 가슴이 더부룩한 증세에 효능이 있다.
씨앗은 이뇨, 설사, 복부가스, 가래, 가슴이 답답한 증세에 효능이 있다. 흔히 담배를 많이 피면 가래가 많이 끼는데 이런 사람들에겐 깍두기나 총각김치가 딱이다.

재배 환경
용기 재배
수경(양액) 재배
베란다 텃밭
노지(옥상) 텃밭

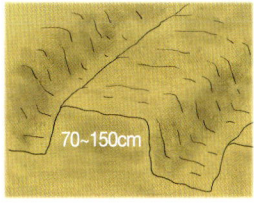
토양 준비하기
점질+사질의 유기질 토양에서 잘 자란다. 이랑 너비는 70~150cm로 준비한다. 봄 재배는 피복 재배를 권장한다.

씨앗으로 재배하기
4월 초 또는 8월 중순~9월 초에 3~4립씩 점뿌리기로 파종한다. 트레이에서 육묘할 경우에는 3월 중순에 트레이에 파종한다.

모종으로 재배하기
트레이에 파종한 경우 잎이 3~5매인 4월 초순에 텃밭에 정식한다. 재식 간격은 40~60cm을 권장한다.

재배 관리하기
텃밭에 파종한 경우에 잎이 4~7매일 때(통상 파종한 뒤 1개월 뒤) 솎아내기와 북주기를 한다. 솎아낸 잎은 일반 무 잎처럼 식용하거나 샐러드로 먹는다.

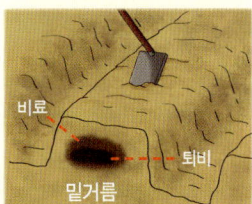

비료 준비하기
씨앗을 뿌리거나 아주 심기 2주 전에 석회질(또는 복합비료)을 주고 밭을 깊게 갈아 엎는다. 2~3일 전엔 퇴비를 주고 밭을 얕게 간다. 가을 재배는 벌레가 잎을 먹지 않도록 한냉사(그물망) 설치를 권장한다.

수확하기
파종 후 통상 70~100일 사이에 수확하되, 무의 머리 부분이 땅 위로 올라올 때 수확한다. 손으로 잎 아래 부분을 잡아 뽑으면 된다.

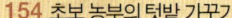

그 외 파종 정보 & 병충해
종자 소독 된 씨앗을 구입해 파종한다. 전년도 종자는 발아율이 매우 높기 때문에 파종 뒤 7일 내에 싹이 올라온다. 잎이 노랗게 마르면 퇴비나 복합비료를 웃거름으로 주되, 줄기 아래가 아닌 무와 무 사이의 흙에 웃거름을 주고 흙을 얇게 덮는다.

간과 숙취해소에 좋은
당근

산형과 한/두해살이풀   *Daucus carota sativus*   꽃 : 7~8월   높이 : 1m

월별 재배 일지	1	2	3	4	5	6	7	8	9	10	11	12
씨뿌리기				■			■					
아주심기					■			■				
솎아내기					■			■				
밑거름 & 웃거름			■	■	■			■				
수확하기						■	■		■	■	■	

꽃

    이란과 아프카니스탄이 원산지인 야생 당근(Daucus carota)이 당근의 조상이다. 기원 전후 수 세기 동안 이들 지역에서 재배된 야생

당근은 점점 먹기 좋은 형태로 품종 개량이 있었던 것으로 추정되며, 그 결과 8~10세기경 유럽에 전래될 때 현재와 비슷한 모양의 재배종 당근이 출현했지만 당시만 해도 뿌리의 색상은 빨간색이거나 노란색이었다.

주황색(오렌지색) 당근이 출현한 것은 그 후 700년이 흐른 17세기경의 네델란드였는데, 영국의 어떤 노인이 가져온 당근에 주황색 당근이 있었다. 이 주황색 당근은 그 후 활발하게 육종되어 지금 우리가 볼 수 있는 재배종 당근의 모태가 된다.

당근의 줄기는 높이 1m 내외로 자라고 잔가지가 많이 갈라진다. 뿌리에서 올라온 잎은 긴 잎자루가 있고 잎의 모양은 3회 깃꼴겹잎이

다. 잎의 모양이 일반적인 산형과 식물의 잎보다 훨씬 잘게 갈라지므로 밭에서 비슷한 식물을 봤을 때는 당근이라고 추정해도 틀린 생각은 아니다.

7~8월에 피는 꽃은 흰색이고 원줄기와 가지 끝에서 자잘한 꽃들이 우산 모양으로 둥글게 모여 핀다. 각각의 꽃은 꽃받침조각 5개, 꽃잎 5개, 수술도 5개이고, 암술은 1개이다. 긴 타원형의 열매는 골돌과로서 익으면 벌어져서 종자가 노출된다.

1 뿌리
2 전초
3 꽃

채취한 당근

뿌리 채소 텃밭 작물 157

식용 방법

국내에서는 주로 뿌리를 식용하지만 잎도 식용할 수 있다. 잎은 흔히 샐러드로 먹는데 맛과 향이 강하므로 가급적 어린잎을 사용하는 것이 좋다.

뿌리는 날것으로 식용하거나 각종 요리에 첨가하는 야채로 사용한다. 수프, 카레 요리에 넣을 수 있고, 당근 뿌리로 만든 주스는 카로틴(비타민 A)이 풍부하기 때문에 건강음료로 인기만점이다. 건조시킨 뿌리는 분말로 만든 뒤 빵, 케익, 과자의 재료로 사용할 수 있다.

약용 및 효능

당근 뿌리에 함유된 베타 카로틴은 인체에 흡수된 뒤 비타민 A로 전환되어 시력과 피부를 좋게 하고 암 예방과 간 영양제 기능을 한다. 특히 당근 주스가 간 영양제 기능이 탁월하다. 구운 종자는 껍질을 벗기고 3g 단위로 달여 복용하는데 신장 질환, 수종, 소화, 복부가스, 이질, 숙취해소에 효능에 있다.

재배 환경

용기 재배
수경(양액) 재배
베란다 텃밭
노지(옥상) 텃밭

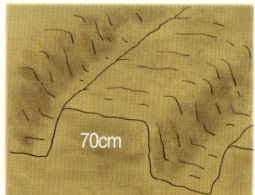

토양 준비하기

비옥한 사질 양토에서 잘 자란다. 이랑 너비는 70cm로 준비한다.

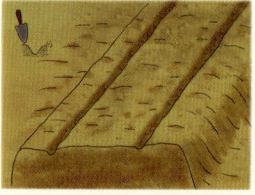

씨앗으로 재배하기

4월 초~중순 또는 6월 말~7월 중순에 2줄로 골을 내고 줄뿌림 파종 후 5cm 높이로 흙을 덮는다. 4월에는 파종 후 발아가 잘 되도록 짚으로 덮어 준다.

열성으로 자란 모종을 솎아내 재식 간격을 맞추어 준다.

솎아내기

당근은 모종으로 정식하면 뿌리 발육이 불량하므로 노지에 직접 파종하는 것이 좋다.
통상 파종 후 1개월 무렵에 3차에 걸쳐 솎아내기를 한다. 본 잎이 2~3장일 때 1차, 4~5장일 때 2차, 6~7장일 때 3차 솎음을 하여 포기와 포기 사이의 재식 간격을 40x20cm로 만든다.

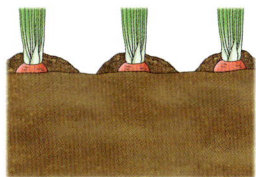

재배 관리하기

솎아낼 때 줄기 아래쪽에서 뿌리의 머리가 노출되지 않도록 주변 흙을 쌓아 북주기를 한다.

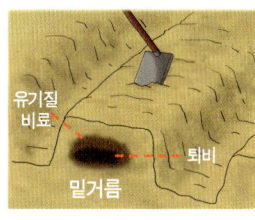

비료 준비하기

파종 10일 전에 밑거름(유기질비료)을 준 뒤 밭두둑을 만든다.
웃거름은 파종 후 40~45일 뒤에 준다.

수확하기

파종 후 조생종은 70일 전후, 만생종은 110일 전후에 수확한다.

그 외 파종 정보 & 병충해

소독된 종자로 파종하면 검은무늬병 등을 예방할 수 있다. 그 외 병충해가 발생하면 발생 직후 바로 방제한다. 당근의 경우 수경 재배가 잘 되지만 좋은 뿌리를 수확할 수는 없다.

심어놓고 이듬해 봄~가을에 캐 먹는
도라지

초롱꽃과 여러해살이풀 *Platycodon grandiflorum* 꽃 : 7~8월 높이 : 1m

월별 재배 일지	1	2	3	4	5	6	7	8	9	10	11	12
씨뿌리기				■	■					■	■	
아주심기												
솎아내기					■	■					■	
밑거름 & 웃거름			■			■			■			
수확하기				■	■	■	■			■	■	■

백도라지

우리나라와 중국, 시베리아, 일본 등지에 분포한다. 초롱 모양의 큰 꽃이 핀다고 하여 속명이 Platycodon(넓은 벨)이라 붙었고 영어로는 'Chinese bellflower'라고 불린다. 한약방에서는 흔히 '길경'이라는

1 전초
2 잎
3 모종
4 잘게 찢어 놓은 뿌리

약재 이름으로 불린다.

　줄기는 높이 40~100cm 내외이고 줄기를 자르면 사포닌 성분이 함유된 흰색의 유액이 나온다. 줄기 아랫잎은 마주나지만 윗잎은 3개씩 돌려나거나 어긋나게 달린다. 잎의 모양은 긴 달걀 모양이거나 넓은 피침형이고 가장자리에 톱니가 있으며 잎자루는 없다. 잎의 길이는 4~7cm 내외이다. 7~8월에 피는 꽃은 흰색이거나 하늘색인데 흰색 꽃이 피는 도라지는 특별히 백도라지라고 부른다. 종 모양의 꽃은 지름 4~5cm 내외이고 줄기 끝에서 1개 또는 여러 개가 핀다. 수술은 5개이고 암술은 1개, 암술대의 끝은 5개로 갈라진다.

원래 도라지는 산에서 자라는 식물이지만 우리나라 전국의 농촌에서 흔하게 키우는 작물이다. 굳이 특용작물로 재배하지 않더라도 농가 마당이나 주택가의 화단에서 관상용으로 즐겨 키우는 것을 볼 수 있다. 도라지는 인삼처럼 수출할 수 있을 뿐 아니라 반찬으로도 즐겨 먹기 때문에 재미삼아 심어 보는 것도 좋을 것 같다.

재배를 하다 보면 하늘색 도라지 옆에 백도라지가 피는 경우도 있는데 백도라지 또한 엄연히 별도의 품종명을 가지고 있다.

식용 방법
껍질을 벗긴 뒤 잘게 찢어 식용하는데 보통은 기름에 달달 볶거나 식초로 새콤하게 무쳐 먹는다. 인삼이나 더덕처럼 튀김으로 먹거나 도라지 술을 담는 것도 생각해 볼 만하다. 도라지도 튀김으로 먹을 경우 쓴 맛이 덜 느껴진다. 어린잎은 나물로 무쳐 먹는다.

약용 및 효능
무쳐 먹어도 약용 효능이 있지만 일반적으로 잘 말린 도라지 뿌리를 3g 단위로 달여 먹는다. 기침, 감기, 가래, 해열, 호흡기 감염, 인후통, 편도선염 등의 기침 관련 증상에 효능이 있고 백일해, 만성 염증, 항암 등에도 효능이 있다.

재배 환경
용기 재배
수경(양액) 재배
베란다 텃밭
노지(옥상) 텃밭

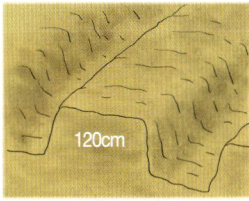
토양 준비하기
유기질 토양에서 잘 자란다. 이랑 너비는 120cm로 준비한다.

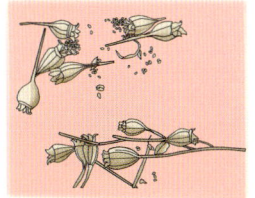
씨앗으로 재배하기
4월~5월 초와 10월~11월 중순에 종자와 톱밥을 1:4로 혼합한 뒤 흩어뿌림으로 파종한다. 흙은 아주 얇게 덮어준다.

도라지의 건조시킨 열매를 까면 검정색 씨앗이 나온다.

모종으로 재배하기
모종으로 심을 경우에는 보통 1년 동안 육모를 해야 하므로 파종을 권장한다. 농장에서 모종을 구입해 심는 경우에는 솎아낸 뒤 품질 좋은 모종만 심는다.

재배 관리하기
씨앗을 뿌린 뒤 1개월 전후에 본잎이 4~5매일 때 솎음과 김매기를 한다. 꽃망울이 보일 때 제거 및 순치기를 하면 뿌리가 두툼해진다. 씨앗을 깊게 심으면 발아가 늦어져 늦봄에 싹이 나는 경우도 있다.

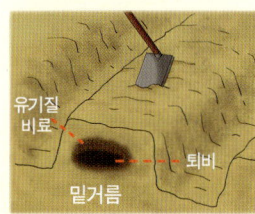

비료 준비하기
파종 15일 전 밑거름(유기질 비료)을 주고 밭두둑을 만든다. 웃거름은 꽃방울이 보일 때 준다.

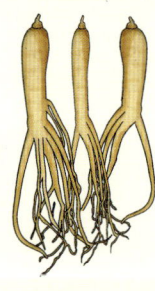

수확하기
이듬해 아무 때나 뿌리를 수확하는데 보통 이듬해 봄과 가을에 수확한다. 여러 해 더 키우면 더 상품 가치가 더 높은 도라지 뿌리를 수확할 수 있다.

그 외 파종 정보 & 병충해
소규모 재배일 경우 병충해에 신경 쓸 필요 없이 파종 이듬해부터 적당히 필요할 때마다 뿌리를 캐서 식용하면 된다. 대규모 재배의 경우 줄기마름병, 균핵병 등에 주의하고 진딧물이나 작은뿌리파리 등의 충해가 번성하지 않도록 한다.

인류가 재배한 최초의 농작물
토란

천남성과 여러해살이풀 *Colocasia esculenta* 꽃 : 8~9월 높이 : 1.5m

월별 재배 일지	1	2	3	4	5	6	7	8	9	10	11	12
씨토란 심기				■	■							
아주심기					■	■						
김매기					■	■						
밑거름 & 웃거름			■	■	■		■					
수확하기								■	■	■	■	

토란

    아시아 열대 지방 원산인 토란은 약 7천 년 전~1만 년 전 사이에 말레이시아의 늪지대에서 인도와 동태평양의 폴리네시아 제도로 전래되었다. 말레이시아에서 인도로 전래된 토란은 그 뒤 이집트로 전파되어 그리스, 로마 시대 때 중요한 식량 자원이 되었는데 당시 인

도의 토란은 중국으로도 전래되어 우리나라에는 고려 시대 무렵에 들어온 것으로 추정된다. 한편 폴리네시아 제도로 전래된 토란은 하와이로 전래되어 이미 고대 하와이에서는 수많은 토란 품종이 육종될 정도로 원주민들의 중요한 식량 자원이 되었다.

1 화분으로 키우는 토란
2 토란대
3 채취한 토란

　당시의 인류는 쌀 농사를 할 줄 몰랐으므로 토란은 쌀 농사 이전 인류가 가용해야 했던 매우 중요한 식량 자원일 수밖에 없었고, 이 때문에 몇몇 식물학자들은 토란을 인간이 재배한 농작물 중 가장 최초의 농작물이라고 말한다.

　토란의 줄기는 높이 1.5m 내외로 자라고 잎의 모양은 난상 타원형으로 길이 30~50cm 정도이다. 잎자루는 잎 뒷면 가운데의 위쪽에 붙기 때문에 방패 모양이고, 잎의 생김새가 코끼리의 귀 같다 하여 '코끼리 귀(Elephant ear)'라는 별명이 있다.

　꽃은 잎집 아래쪽에서 8~9월에 불염포가 있는 육수화서 모양으로 피지만 열매는 나지 않는다. 불염포는 한 쪽이 터진 관 모양이고 길이 30cm 내외이다. 육수화서는 상단부에 수꽃이, 하단부에 암꽃이 있고 수술은 6개이다. 줄기 하부에는 땅속줄기가 자라고 땅속줄기에는 알 모양의 알줄기가 달리는데 이를 토란이라고 한다.

　토란에서 식용 가능한 부위는 잎자루와 알뿌리이다. 국내에서는 잎자루를 토란대, 알뿌리는 토란이라 하며 식용한다. 식물체 전체에 요로결석을 일으키는 유독 성분인 수산화칼슘이 있지만 차가운 물에 하루 담갔다가 끓여 먹으면 독성이 사라진다.

식용 방법
토란대와 토란은 맨손으로 접촉하면 두드러기를 유발하므로 장갑을 끼고 손질한다. 토란대를 세척한 뒤 서늘한 곳에서 2~3일 말리고 껍질을 칼로 벗겨낸다. 벗겨낸 토란대를 가늘게 잘라 그늘에서 며칠 말린 뒤 토란 나물로 먹는다. 알뿌리인 토란은 껍질을 깐 뒤 24시간 물에 담가두었다가 토란국으로 먹거나 야채처럼 썰어 여러 요리에 넣어 먹는다.

약용 및 효능
토란 잎에는 비타민 성분이, 토란에는 전분과 단백질이 풍부하게 함유되어 있다. 토란의 미끈한 성분은 노화방지에 좋고, 토란국은 불면증, 변비, 각종 염증에 효과가 있다.

재배 환경
- 용기 재배
- 수경(양액) 재배
- 베란다 텃밭
- 노지(옥상) 텃밭

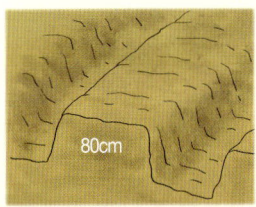
토양 준비하기
비옥한 토양에서 잘 자란다. 이랑 너비는 80cm로 준비한다.

씨앗으로 재배하기
4월 중순~5월 초순 사이에 씨토란을 10~15cm 깊이로 심는다. 이때 줄기가 수확 목적이라면 청토란 품종을, 뿌리를 수확하려면 알토란 품종의 씨토란을 구입해야 한다.

모종으로 재배하기
모종을 구입해 재배할 경우 5월이 적당하고 재식 간격은 50x30cm로 한다. 잡초 발생을 막기 위해 비닐 멀칭을 하는 것이 좋다.

씨토란을 심은 경우 15일 전후에 토란 싹이 올라온다.

재배 관리하기
15~30일 사이에 싹이 올라오면 잡초 상황을 보아가면서 김매기를 한다.

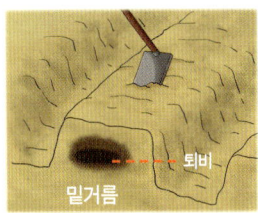

비료 준비하기
밑거름으로 퇴비를 풍부하게 주고 밭두둑을 만든다. 웃거름은 7월 중순에 준다.

수확하기
잎을 수확하는 청토란은 8~10월이 수확기이다. 뿌리를 수확하는 알토란은 9월 중순~추석에 수확한다.

그 외 파종 정보 & 병충해
'청토란'은 줄기 수확용 토란, '알토란'은 알뿌리 수확용 토란이므로 원하는 품종의 토란을 심는다. 토란의 경우 병충해가 거의 발생하지 않는다.

몸 속의 독성을 없애는
우엉

국화과 두해살이풀 *Arctium lappa* 꽃 : 7~8월 높이 : 2m

월별 재배 일지	1	2	3	4	5	6	7	8	9	10	11	12
씨뿌리기				▬	▬				▬	▬		
아주심기												
솎아내기					▬	▬				▬	▬	
밑거름 & 웃거름			▪	▬	▬		▪		▬	▬		
수확하기					▬	▬	▬	▬	▬			

꽃

    우엉의 원산지는 중국, 인도, 유럽 등 구대륙 온대 지역에 폭넓게 분포하고 있다. 과거에는 야채로 즐겨 사용한 것으로 추정되지만 현재는 한국, 일본, 중국, 브라질, 이탈리아 등의 몇몇 나라에서 드물게 식용한다. 최근 장수 식품으로 각광을 받으며 점점 소비가 늘어나는 추세이다.

우엉의 줄기는 높이 2m 내외로 자라고 뿌리 잎은 모여나는 반면 줄기 잎은 어긋난다. 잎의 모양은 심장형에 가깝고 긴 잎자루가 있다. 잎의 크기는 사람 얼굴만한 크기부터 작은 잎까지 다양한 크기로 달린다. 7~8월에 볼 수 있는 꽃은 원줄기와 가지 끝에서 산방 모양으로 달리고 총포는 둥근형, 포편은 침 모양이고 침의 끝 부분은 갈고리 모양이다. 총포 안에는 자잘한 통 모양의 꽃들이 모여 있고 꽃잎은 없고 꽃의 끝 부분이 5갈래로 갈라진다. 열매는 가시가 있는 둥근 모양이고 가을에 갈색으로 익는다.

우엉에서 식용할 수 있는 부분은 뿌리와 어린잎인데, 뿌리는 가늘고 길게 자라고, 신선한 잎 100g에는 단백질 3.5g, 탄수화물 19.4g, 회분 9g 등이 함유되어 있다. 국내에는 중국을 통해 전래된 것으로 추정되는데 주로 뿌리를 얻기 위한 특용작물로 재배한다. 우엉 뿌리는 땅 속으로 1m 정도로 자라기 때문에 밭두둑을 만들 때 밭을 50cm 이상 깊게 갈아야 수확할 때 수월하다.

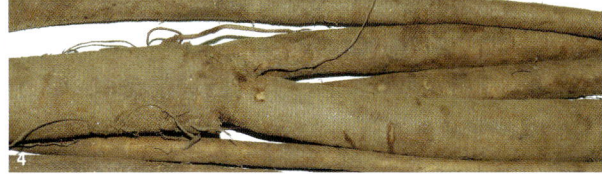

1 어린잎
2 조금 성장한 잎
3 전초
4 채취한 우엉

식용 방법
우엉 뿌리를 잘게 썰어 우엉조림으로 먹거나 김밥 속재료로 사용한다. 뿌리는 잎에 비해 단백질, 지방, 칼로리가 적고 섬유질 성분이 풍부하기 때문에 다이어트 식품으로 안성맞춤이다. 우엉의 어린잎은 나물처럼 무쳐 먹을 수 있다. 종자는 발아시킨 뒤 발아씨앗으로 섭취할 수 있다.

약용 및 효능
우엉의 뿌리는 이눌린 성분이 풍부하므로 당뇨병 환자에게 딱 좋은 식품이다. 뿌리에는 항균, 항염, 변비에 좋은 효능이 있고 특히 몸 속 중금속을 없애는 데 탁월한 효능을 발휘한다.
항균 성분을 함유한 우엉 잎은 암 예방, 진정, 화상, 타박상, 종기, 헤르페스, 습진, 여드름, 화농성 감염, 백선 치료에 사용할 수 있다. 잎을 즙으로 먹거나 외용하되, 잎에는 항균 성분을 없애는 성분도 함께 들어 있으므로 이 성분을 제거하고 약으로 사용해야 한다.

재배 환경
용기 재배
수경(양액) 재배
베란다 텃밭
노지(옥상) 텃밭

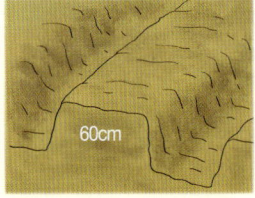
토양 준비하기
비옥한 토양에서 잘 자란다. 이랑 너비는 60cm로 준비한다.

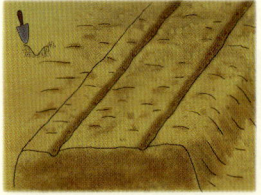
씨앗으로 재배하기
4월~5월 초 또는 9~10월에 2~3줄로 골을 내고 줄뿌림으로 파종한 뒤 흙을 2cm 정도로 얇게 덮어준다. 발아율이 낮기 때문에 씨앗을 대개 파종한다.

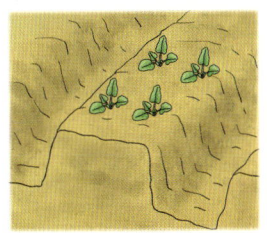

재식 간격 선택하기
보통 모종으로 육묘해 키우지 않고 노지에 파종한다. 식물체가 크게 자라지만 밀식해야 잘 자란다. 재식 간격은 30x15cm 간격이 좋다.

재배 관리하기
잎이 1~2매일 때 1차, 3~5개일 때 2차 솎아내기를 하면서 재식 간격이 30x15cm가 되도록 해준다. 잡초가 있으면 김매기를 한다.

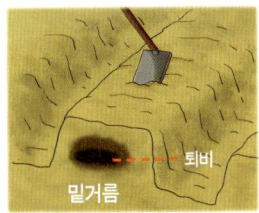

비료 준비하기
파종 10~20일 전에 밑거름을 준 뒤 50cm 이상 깊게 갈아엎은 다음 밭두둑을 만든다. 웃거름은 솎아낼 때 1차로 주고 필요한 경우에 추가 비료를 준다.

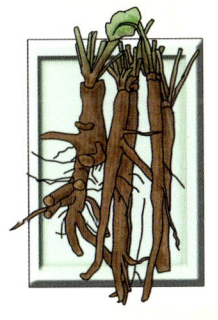

수확하기
봄 재배는 7월 하순~10월 중순에, 가을 재배는 이듬해 5~7월에 뿌리를 수확한다. 60cm 이상 자란 뿌리는 늙거나 목질화되어 상품 가치가 없으므로 60cm 이하로 자란 뿌리만 수확한다.

그 외 파종 정보 & 병충해
발아가 잘 되도록 종자를 하루 동안 물에 담가 두었다가 파종한다. 진딧물이 잘 끼지만 굳이 신경 쓰지 않아도 된다.

혈액순환에 좋은
양파

백합과 여러해살이풀 *Allium cepa* 꽃 : 9월 높이 : 50cm

월별 재배 일지	1	2	3	4	5	6	7	8	9	10	11	12
씨뿌리기		■						■	■			
아주심기				■						■		
솎아내기					■	■				■	■	
밑거름 & 웃거름		■	■	■			■	■	■			
수확하기					■	■	■					

플라스틱 옹기에 기우는 양파

양파는 원산지가 모호하지만 일반적으로 이란 등의 고대 페르시아 일대를 원산지로 보고 있다. 인간이 양파를 재배하기 시작한 것은 기원전 5천 년 전으로 추정되며 그 후 세계 각국에 전래된 양파는 각 지역에서 인기 있는 식용 야채가 되었다. 예컨대 고대 이집트에서는 양파 · 파 · 마늘을 재배하였으며, 로마의 검투사들은 피를 맑게 한다고 믿어 자신의 근육을 양파로 문질렀다고도 한다.

이러한 양파는 국가별로 약간 다른 품종을 식용하고 있고 색상도 노란색, 빨간색, 흰색 등의 다양한 개량종 품종이 있다. 이 개량종 품종 중에서 가장 대표적인 품종이 Allium cepa 품종이며 이 품종을 흔히 양파라고 말한다.

1 알뿌리
2 채취한 양파

양파는 짧은 줄기 위에서 여러 가닥의 잎이 길이 30cm 내외로 자란다. 잎의 속은 비어 있고 꽃이 필 무렵 시들어 버린다.

꽃은 9월에 피고 긴 꽃대 위에서 마늘 꽃이나 파 꽃과 비슷한 모양으로 핀다. 꽃의 색상은 흰색이고 수술은 6개이다.

양파에서 흔히 식용하는 부위는 뿌리 부분의 비늘줄기이다. 비늘줄기는 지름 10cm 내외이고 겉은 건막질의 비늘잎으로 싸여 있다. 비늘잎은 성숙하면 자줏빛이 도는 갈색이 되고 막질을 벗기면 흰색의 양파 속살이 보인다.

식용 방법
양파는 전 세계의 많은 국가에서 즐겨 먹는 뿌리 작물이다. 국내에서는 각종 야채 요리, 국물 요리, 육류 요리, 해산물 요리에 맛내기 채소로 넣거나 양파 간장 장아찌로 먹는다. 유럽과 북미에서는 수프, 스튜, 피클로 먹는다. 어린잎은 일반적으로 파와 비슷하게 식용하거나 샐러드로 먹는다. 양파 꽃은 식용할 수 있고, 발아 씨앗은 샐러드나 비빔밥으로 먹을 수 있다.

약용 및 효능
일반적으로 양파 즙을 내어 먹지만 날것으로 먹거나 삶아서 먹는 경우도 있다. 기본적으로 혈액순환, 건강증진에 효능이 있다. 또한 항염, 살균, 진경, 거담, 복부가스, 이뇨, 해열에 효능이 있고 협심증, 동맥경화, 심장마비를 예방한다. 양파 즙으로 문지르면 모발이 잘 자라기 때문에 대머리에 좋다고도 한다. 각종 피부궤양이나 주근깨에 양파 즙을 문지르면 효능이 있다. 신선한 양파 100g에는 물 79%, 단백질 2.5g, 지방 0.1g, 탄수화물 17g, 섬유 0.7g, 회분 0.8g, 칼슘 37mg, 인 60mg, 철 1.2mg, 칼륨 334mg과 티아민, 리보플라빈, 니아신, 비타민 C가 소량 함유되어 있고 씹으면 전체적으로 매운 맛이 난다.

재배 환경
- 용기 재배
- 수경(양액) 재배
- 베란다 텃밭
- 노지(옥상) 텃밭

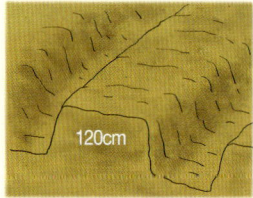

토양 준비하기
사질+점질토에서 잘 자란다. 이랑 너비는 120cm로 준비한다. 비닐피복 재배를 권장한다.

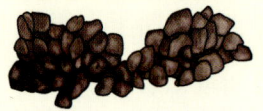

양파 씨앗은 다각형 모양이다.

씨앗으로 재배하기
8월 중순~9월 중순에 빈 터나 육묘 상자에 골을 내고 0.5cm 간격으로 파종하고 흙을 얇게 덮은 뒤 짚으로 덮고 물을 촉촉하게 준다. 봄 재배는 2월 하순에 트레이에 파종 후 50일간 온상에서 육묘한 뒤 텃밭에 아주 심는다.

모종으로 재배하기
가을 재배는 육묘한 모종을 10월경에 텃밭에 아주 심는다. 봄 재배는 4월 중하순에 아주 심는다. 재식 간격은 15~25cm를 유지한다.

재배 관리하기
수분은 촉촉하지 않게 관리하고 김매기는 잡초가 보일 때 수시로 한다.

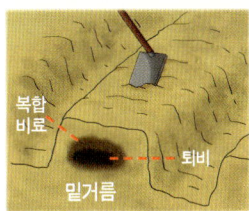

비료 준비하기
모종을 심기 전에 밑거름으로 퇴비+복합비료를 준 뒤 밭두둑을 만든다. 1차 웃거름은 1~2월, 2차는 3~4월에 준다.

수확하기
가을 재배는 이듬해 4~6월 중순에 수확한다. 양파 잎이 노랗게 물들어 80% 정도 쓰러질 때 수확하면 된다. 봄 재배는 6~7월에 수확한다.

그 외 파종 정보 & 병충해
양파는 보통 가을에 파종하고 이듬해 봄에 수확하는 것이 좋으며, 봄에 파종한 뒤 여름에 수확하는 것은 최근 시도된 농사법이다. 조생종, 만생종 등에 따라 파종 및 수확 시기가 약간 유동적이므로 정확한 파종 및 수확 날짜는 종자 포장지의 설명서를 참고한다. 양파는 노균병, 흑갈병, 녹병, 오갈병, 총채벌레 등이 발생하므로 제때 방제한다.

히포크라테스가 약용으로 사용한
마늘

백합과 여러해살이풀 *Allium sativum* 꽃 : 7월 높이 : 60cm

월별 재배 일지	1	2	3	4	5	6	7	8	9	10	11	12
씨마늘 심기										■		
아주심기												
김매기				■	■	■				■	■	
밑거름 & 웃거름				■	■				■			
수확하기						■	■					

마늘 피복 재배

 마늘의 원산지는 중앙아시아로서 약 7천 년 전부터 재배해 온 식물이다. 중앙아시아의 마늘은 고대 그리스에서 지중해, 유럽으로 전파되었고 우리나라는 중국을 통해 도입되었다.
 마늘의 세계 3대 생산국은 중국, 인도, 한국 순이며 중국이 세계 생산량의 77%를 차지한다. 우리나라의 생산량은 중국의 약 50분의 1

마늘

수준으로 세계 생산량의 2%를 차지하고, 섬나라인 일본은 마늘을 거의 안 먹다가 요즘 들어 먹고 있다.

　마늘을 요리에 즐겨 사용하는 나라는 전세계에 퍼져 있는데 동양에서는 우리나라와 중국, 우크라이나, 인도, 미얀마, 방글라데시 외에 동남아시아 국가들이 마늘을 양념으로 사용한다.

　유럽에서는 스페인을 포함한 남유럽 국가, 러시아와 헝가리를 포함한 동유럽 국가가 마늘을 양념으로 사용하고, 아프리카에서는 이집트와 에티오피아를 포함한 북부아프리카 국가들이 마늘을 양념으로 먹는다. 이 외에 중남미의 일부 국가들이 마늘을 먹고, 다인종 국가인 미국도 마늘 생산량이 우리나라의 절반일 정도로, 은근슬쩍 마늘을 먹는 인종들이 제법 섞여 있다.

　고대 그리스에서의 마늘은 피라미드를 건설한 무렵부터 재배한 것으로 추정되며, 이 때문에 의학의 아버지인 히포크라테스는 기생충, 호흡기 질환, 소화 등에 마늘의 사용을 권장하기도 했다.

　우리가 식용하는 마늘쪽은 마늘 뿌리의 상단에 있는 비늘줄기를 말한다. 비늘줄기 위로 꽃대가 높이 60cm 내외로 자라고, 꽃대가 올라오기 전 하단에서 여러 개의 잎이 서로 감싼 형태로 자란다.

　마늘 꽃은 7월에 잎 속에서 길게 올라오는데 그 끝에 자잘한 꽃들이 공처럼 둥글게 모여 달린다. 꽃은 연한 자줏빛이고 꽃잎처럼 보이는 화피열편은 6개, 수술도 6개이다. 꽃의 모양은 산마늘이나 양파 꽃과 비슷하다.

　마늘은 열매 대신 주아가 열리므로 주아 또는 통마늘을 하나하나 떼어낸 쪽마늘을 심어 재배한다.

1 마늘 전초
2 깐 마늘
3 마늘 대(마늘 꽃대)

식용 방법
비늘줄기를 마늘이라고 부르며 식용한다. 꽃, 잎, 씨앗도 식용할 수 있다. 남유럽의 경우 샐러드나 각종 요리에 마늘을 사용하지만 지극히 소량을 넣는 경우가 많다. 우리나라의 경우에는 마늘 잎을 초고추장 무침으로 먹지만 파와 비슷한 방식으로 다져서 샐러드로 먹을 수도 있다. 꽃대는 마늘쫑이라고 부르며 우리나라와 중국에서 즐겨 식용한다. 발아 씨앗은 샐러드로 먹을 수 있다.

약용 및 효능
마늘을 달여 먹거나 구워서 약용하기도 하지만 일반적으로 신선한 상태로 먹는 것이 가장 약용 효능이 높다. 살균, 항균, 구충, 장티푸스, 장염, 이질, 말라리아, 백일해, 발한, 이뇨, 가래, 소화, 해독, 해열, 혈액순환, 자양강장, 정력증강에 효능이 있고 암, 심근경색, 동맥경화, 고혈압을 예방한다. 뱀에 물린 상처와 백선(버짐) 같은 각종 피부 트러블에는 즙을 바르거나 분말 형태로 바른다.

재배 환경
용기 재배
수경(양액) 재배
베란다 텃밭
노지(옥상) 텃밭

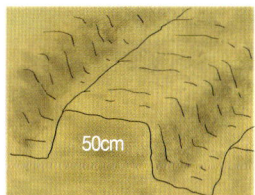
토양 준비하기
비옥한 점질 양토에서 잘 자란다. 이랑 너비는 50cm로 준비한다. 비닐 피복 재배를 권장한다.

씨마늘로 재배하기
10월 중·하순에 씨마늘을 하나하나 떼어내 뿌리가 밑으로 가도록 한 뒤 손으로 꾹 눌러 5cm 깊이로 심는다. 씨마늘 껍질은 벗기지 않고 심어도 된다.

재식 간격 지키기
씨마늘 재식 간격은 20x10cm 정도로 한다.

재배 관리하기
싹이 틀 무렵 마늘 밭에 잡초가 보이면 열심히 김매기를 하고 북주기는 하지 않는다. 조금씩 북주기를 하기도 하는데 북주기를 많이 하면 씨알 좋은 마늘이 나오지 않는다.

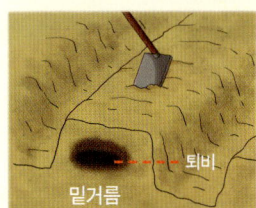

비료 준비하기
씨마늘을 심기 10~20일 전에 밑거름(퇴비 등)을 충분히 주고 밭두둑을 만든다. 웃거름은 해빙기(2월 말경)와 3월 말경에 조금씩 나누어 주되 포기와 포기 사이에 준다. 웃거름으로는 유기질 비료를 주거나 마늘용 비료를 준다.

수확하기
이듬해 6~7월에 장마가 시작되기 전에 잎이 노랗게 변하면 수확한 뒤 뿌리 위의 잎은 잘라낸다.

그 외 파종 정보 & 병충해
씨마늘용 통마늘을 구입한 뒤 하나씩 쪼갠 뒤 나뭇재에 버무려 파종하면 종자 소독이 되므로 병충해 발생량이 적다. 씨마늘 쪽을 심을 때는 똑바로 자라도록 뿌리가 정확히 밑으로 가도록 심는다.

항암 기능이 탁월한
생강 & 울금

생강과 여러해살이풀 *Zingiber officinale* 꽃 : 8~9월 높이 : 60cm

월별 재배 일지	1	2	3	4	5	6	7	8	9	10	11	12
씨생강 심기				■	■							
아주심기												
솎아내기						■	■	■				
밑거름 & 웃거름			■		■		■					
수확하기							■	■	■	■	■	

생강

　세계적으로도 생강을 즐겨 먹는 나라는 열대 지방에 분포되어 있는데 인도, 중국, 버마, 인도네시아, 필리핀, 콩고, 자메이카, 페루 등이 대표적이다. 우리나라의 생각은 중국을 통해 고려 시대에 들어온 것

1 전초
2 어린 울금
3 울금

으로 보이며 이것이 일본 등지로 전래된 것으로 보인다. 이 가운데 생강을 즐겨 소비하는 국가는 인도, 버마, 카리브해의 자메이카 등이 있는데 이들 나라들은 생강을 요리 향신료로 사용할 뿐만 아니라 샐러드, 생강 음료, 설탕 절임 등으로 즐긴다.

생강의 줄기는 높이 60cm 내외로 자라고 어긋난 잎은 긴 피침형이고 대나무 잎과 닮았다. 꽃은 국내 기후에서는 개화하지 않지만 열대지방에서는 보통 8~9월에 개화한다. 뿌리는 굵고 육질이 있는데 이것을 생강이라고 하며 식용한다. 국내 기후에서는 남부 지방에서 재배해 왔지만 소규모의 텃밭이라면 중부 지방에서도 충분히 재배할 수 있다.

생강 가족에 해당하는 식물로는 카레 원료로 유명한 열대식물 울금

(Curcuma aromatica)이 있다. 울금은 심황이라고도 불린다. 울금과 거의 비슷하기 때문에 구별하기 힘든 식물로는 강황(Curcuma longa)이 있다. 울금과 강황을 비교하자면 울금은 일종의 야생종 강황이라고 할 수 있다. 카레 가루의 중요 성분인 커큐민 함량은 강황에 비해 울금이 매우 높다. 인도 아열대 원산인 이들 식물들은 BC 2천 년부터 재배한 것으로 보이며 국내에는 신라 시대에 울금(혹은 강황)이 도입되어 전라도 전주, 광양, 진도에서 재배를 해왔다.

생강의 원산지는 불분명하지만 인도 남부와 동남아시아 등의 열대지방으로 추정된다. 이 곳의 생강은 아프리카로 전래된 뒤 카리브 해역으로 전파되었다.

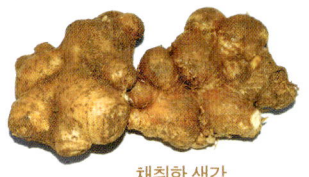

채취한 생강

식용 방법
생강은 국내에서 양념으로 먹거나 생강주로 먹지만, 서양에서는 설탕 등을 가미하는 방법으로 먹는다. 예를 들면 생강빵, 생강쿠키, 생강비스켓, 생강맥주 등이 있다. 강황은 분말을 내어 인도, 남아시아, 중동 요리에서 카레나 각종 요리의 향신료로 사용하고, 유럽에서는 고가의 사프란 향신료 대용품으로 사용된다. 울금은 강황처럼 식용할 수 있지만 강황에 비해 커큐민 함량이 더 높기 때문에 암 예방 등의 약용 목적으로 사용한다.

약용 및 효능
생강은 기침, 감기, 소화, 동맥경화, 항산화, 복통, 항암, 항균, 불면증, 구충에 효능이 있지만 한 번에 과다 약용할 경우 발진, 가슴통증 등의 문제가 발생하므로 적량을 섭취하는 것이 좋다. 울금은 당뇨병 예방, 동맥경화, 항산화에 효능이 있고 특히 항암 기능이 탁월하지만 울금 역시 가려움증 유발 등의 부작용이 발생할 수 있으므로 적량을 사용하는 것이 좋다.

재배 환경
용기 재배
수경(양액) 재배
베란다 텃밭
노지(옥상) 텃밭

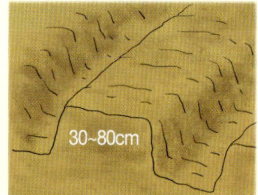
토양 준비하기
부식질의 비옥한 토양에서 잘 자란다. 이랑 너비는 30~80cm로 준비한다.

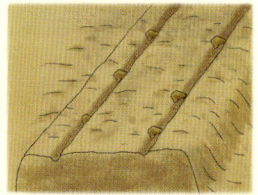
씨생강으로 재배하기
씨생강을 구입해 싹눈이 1~2개 붙어 있는 상태로 쪼개어 4월 말~5월에 심고 3~5cm 흙으로 덮는다. 발아까지는 40~60일이 소요된다. 울금은 3월 말~4월초 씨울금을 심는데 중부 지방에서 재배할 경우 하우스 농사로 해야 한다.

씨생강을 가식해 싹을 낸다.

씨생강 아주심기
4월 초 씨생강 수십 개를 1m 면적의 땅에 얇게 가식한 뒤 신문지를 덮어 15일 가량 싹을 내어 4월 말 텃밭에 아주 심어도 된다. 생강, 울금의 재식 간격은 30x30cm 정도가 좋다.

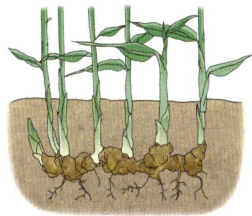

재배 관리하기
생강과 울금은 싹이 튼 후 상황을 보아 가며 김매기와 북주기를 자주 해야 토실토실한 생강을 수확할 수 있다.

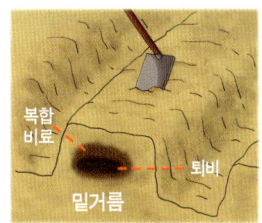

비료 준비하기
밑거름으로 퇴비+복합비료를 주고 밭두둑을 만든다. 웃거름은 싹이 튼 후 1차, 장마철 후 2차를 준다.

수확하기
생강은 그 해 7~11월에 수확하고, 울금은 그 해 10~11월에 수확한다.

그 외 파종 정보 & 병충해
씨생강과 씨울금은 씨눈을 기준으로 적당히 자르거나 쪼갠 뒤 절단면을 나뭇재 등으로 바르면 유기농 소독이 된다. 씨감자 파종과 비슷하지만 나뭇재를 사용하지 않고 베노람 수화제 등으로 정식 소독하고 파종하기도 한다. 생강과 울금은 살균, 항균 성분이 강한 식물이므로 발아한 뒤의 병충해에는 강한 편이다.

05

알곡류와 벼과 식물 텃밭 작물

들깨
참깨
팥(소두)
콩(대두)
강낭콩
완두(완두콩)
제비콩
작두콩

녹두
땅콩
기장
귀리
수수
조(좁쌀)
율무
메밀

고소한 향이 일품인
들깨

꿀풀과 한해살이풀 *Perilla frutescens* 꽃 : 8~9월 높이 : 1m

월별 재배 일지	1	2	3	4	5	6	7	8	9	10	11	12
씨뿌리기				▬	▬							
아주심기												
김매기					▬	▬	▬					
밑거름 & 웃거름				▬	▬							
수확하기						▬	▬	▬	▬			

꽃

    고소한 들깨 기름을 짤 수 있을 뿐 아니라 싱싱한 잎을 쌈채소로 즐겨 먹는 이 식물은 도시의 주택가에서 가장 흔하게 키우는 작물이다. 서울의 골목길은 물론 농촌의 밭둑에서도 빼놓을 수 없을 정도로 많이 키우다 보니 그만큼 재배법도 쉬운 편이라 할 수 있다.
    그럼에도 불구하고 들기름의 가격이 참기름 못지않게 비싼 걸 보면

잎

들깨 잎

아무래도 국내 생산량이 턱없이 부족한 모양이다.

 들깨의 줄기는 높이 60~100cm 내외로 자라고 마주난 잎은 난상 원형으로서 길이 8~12cm 정도이다. 잎의 가장자리에는 둔한 톱니가 있고 긴 잎자루에는 털이 있다. 꽃은 8~9월에 원줄기나 가지 끝에서 총상화서의 흰색으로 피고 꽃의 길이는 4~5mm, 아래쪽잎이 약간 길다. 수술은 4개이고 이 중 2개는 길고 2개는 짧다. 꽃이 시년 꽃받침 안에서 열매가 성숙하는데 열매의 지름은 2mm 정도이고 열매 안 종자를 짜서 나오는 것을 들기름이라고 한다.

 중국, 인도, 동남아시아에서 자생하는 들깨는 여러 문헌으로 볼 때 삼국시대 이전에 국내에 전래된 것으로 추정된다. 이후 8~9세기경 일본에 전래되었는데 그 후 한중일 각국에서 약간 다른 형태의 품종

1 전초
2 싹
3 용기로 기르는 들깨

으로 발전하여 요리의 쓰임새도 서로 다르다.

우리나라는 쌈, 절임, 들기름으로 먹지만 일본은 차조기(소엽) 품종이 발달하여 우메보시, 차, 스시, 생선 요리에 사용한다.

중국은 일찍부터 중국의학에서 약용식물로 활용하였을 뿐만 아니라 각종 튀김 요리로도 즐겨 먹는다.

식용 방법

싱싱한 잎을 수확해 쌈채소로 즐기거나 샐러드로 먹는다. 깻잎절임이나 각종 찌게에 넣어 먹는다. 종자는 잘 말린 뒤 들기름을 짠다. 들깨 향을 좋아한다면 김밥으로 먹는 것도 즐길 만하다. 향 자체가 서양인의 입맛에는 전혀 안 맞지만 요즘에는 들깨 잎을 즐기는 서양인들이 점점 많아지는 추세이다.

약용 및 효능

잎에는 단백질 3.1%, 탄수화물 4.1%가 함유되어 있지만 지방 함량이 매우 낮고, 종자는 단백질 21.5%, 지방 43.4% 외에 두뇌 발달에 도움을 주는 오메가 3(리놀렌산), 항염, 항균, 항암 작용을 하는 팔미트산(palmitic acid)이 함유되어 있다. 종자를 5~10g 달여 복용하면 소담, 심한 설사, 해수, 담에 의한 숨찬 증세에 효능이 있다. 잎을 5~10g 달여 복용하면 소화, 해열, 구토, 변비, 기관지염, 복통, 감기, 천식, 설사, 해산물 식중독에 효능이 있다. 그 외에 항균, 해독, 살균의 효능이 있다.

재배 환경

용기 재배
수경(양액) 재배
베란다 텃밭
노지(옥상) 텃밭

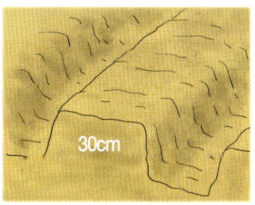

토양 준비하기

유기질 토양에서 잘 자란다. 이랑 너비는 30cm로 준비한다.

씨앗으로 재배하기

4~6월 초 사이에 골을 1줄 내고 줄뿌림으로 파종한 뒤 1cm 높이로 흙을 얇게 덮는다.
또는 점뿌림으로 파종한 뒤 1cm 높이로 흙을 덮는다.

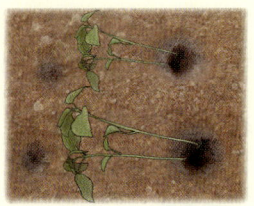

모종으로 재배하기
모종보다는 파종을 권장한다. 모종으로 심는 경우에는 재식 간격을 30x20cm로 하고, 한 구멍에 2모씩 심는다.

재배 관리하기
수분을 건조하지 않게 관리한다. 1m 높이로 자라면 원줄기 상단의 10cm 정도를 순지르기 한다. 순지르기를 하면 곁가지에 잎이 더 많이 달린다.

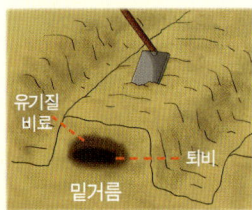

비료 준비하기
밑거름으로 퇴비 등의 유기질 비료를 사용해 밭두둑을 만든다. 웃거름은 잎을 수확한 뒤 수확량을 늘리기 위해 때때로 추가한다.

수확하기
파종한 뒤 40일이 지나면 잎을 수확해 식용한다. 종자는 9월 초중순에 채취한다.

그 외 파종 정보 & 병충해
줄뿌림으로 다닥다닥 붙여서 파종하면 녹병, 잿빛곰팡이병, 진딧물, 응애 등이 쉽게 발생하므로 보통 가로 30cm, 세로 20cm 이상의 공간을 띄우고 파종한다. 잎의 수확이 목적이라면 특별히 녹병과 응애 발생에 주의한다.

세계적으로 즐겨 먹는 오일
참깨

꿀풀과 한해살이풀 *Sesamum indicum* 꽃 : 7~8월 높이 : 1m

월별 재배 일지	1	2	3	4	5	6	7	8	9	10	11	12
씨뿌리기					■							
아주심기					■							
순따기							■	■				
밑거름 & 웃거름				■	■							
수확하기								■	■			

꽃

　원산지가 불분명한 참깨는 대부분의 유사 품종이 열대 아프리카에서 자생하고 있고, 일부 품종은 인도에서도 자생하고 있다. 역사적으론 참기름 추출을 위해 약 5천 년 전부터 재배한 것으로 보고 있다. 지금도 전 세계에서 참기름을 즐겨 먹는데 세계 제1생산국은 인도이

1 참깨 전초
2 검정깨(흑임자)
3 참깨 열매
4 참깨 밭

고 세계 제1수입국은 일본이다.

  참깨의 줄기는 네모지고 높이 1m 내외로 자라고 줄기에는 빽빽한 털이 있다. 줄기 하단부 잎은 마주나지만 상단부의 일부 잎은 어긋나게 달린다. 잎은 길이 10cm의 긴 타원 모양이고 긴 잎자루가 있다.

  원통 모양의 꽃은 7~8월에 잎겨드랑이에서 흰색 또는 연분홍색으로 피고, 꽃의 길이는 3~5cm, 꽃부리는 끝이 5개로 갈라진다. 수술은 4개, 헛수술은 1개, 암술은 1개이다. 열매는 뭉툭한 캡슐 모양이고 열매 안에는 평균 80개의 종자가 들어 있다.

  종자의 모양과 색상은 개량종 등의 품종에 따라 다른데 현재 알려진 참깨 품종만 해도 수천 종이나 있다. 예를 들어, 흑임자라고 알려진 검정깨는 참깨 품종의 하나로서 꽃과 잎 모양이 참깨와 거의 똑같

참깨 씨앗

다. 우리가 깨라고 알고 있는 종자의 길이는 3~4mm 정도이고 무게는 20~40mg 정도이다.

참깨는 메소포타미아 유적지에서 검게 탄 참깨 씨앗이 발견된 적이 있고, 바빌론 역사서에서는 참깨가 언급되기도 하여 지금으로부터 약 5천 년 전부터 재배해 온 식물로 추정하고 있다. 참깨의 최대 생산국은 중국, 인도, 아프리카, 동남아시아 순이며 우리나라의 생산량은 중국의 약 100분의 1 수준이다.

식용 방법
참깨 종자를 참깨라고 하여 각종 요리의 맛을 내는 데 사용한다. 종자를 압착하여 참기름을 만든다. 국내에서는 참깨잎을 식용하지 않지만 어린잎을 날것으로 먹거나 수프에 넣어 조리하기도 한다.

약용 및 효능
참깨 종자에는 단백질 21%, 지방 60%, 탄수화물 8.9%, 칼슘, 비타민 A, B, E가 함유되어 있다. 씨앗은 진정, 모유촉진, 영양보충, 탈모, 만성변비, 강장에 효능이 있고, 잎은 콜레라, 설사, 이질에 효능이 있다. 화상이나 피부궤양에는 참기름을 바른다. 뿌리는 천식, 기침에 약용한다.

재배 환경
용기 재배
수경(양액) 재배
베란다 텃밭
노지(옥상) 텃밭

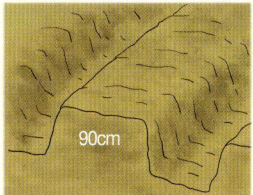
토양 준비하기
점토질 토양에서 잘 자란다. 이랑 너비는 90cm로 준비하고, 비닐 피복 재배를 권장한다.

씨앗으로 재배하기
남부는 4월 하순~5월 중순, 중부 고지대는 5월 중순~6월 상순에 파종하되, 한 구멍에 4알씩 얇게 파종하고 굵은 모래를 2cm 높이로 덮는다.

모종으로 재배하기
모종으로 재배하려면 4월 초에 포트에 파종한 뒤 5월 중순에 텃밭에 아주 심는다. 재식 간격은 60x30cm 간격이 좋다.

열매 20단 위 줄기를 순지르기한다.

재배 관리하기
꽃이 핀 후 40일 전후에 줄기의 열매 단 수를 세어 본 뒤 20단 위에 있는 줄기를 순지르기하여 열매가 야물게 자라도록 한다.
꽃이 피는 시기는 파종 시기에 따라 다르다. 남부 지방은 6월 중순부터 꽃이 피지만 중부 지방은 7~8월에 꽃을 볼 수 있다.

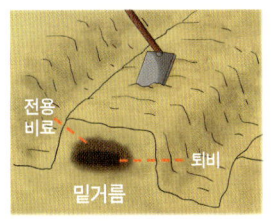

비료 준비하기
씨앗이나 모종을 심기 10~20일 전에 퇴비와 참깨 전용 비료를 혼합해 밑거름으로 준 뒤 밭두둑을 만든다.

수확하기
파종 후 3~4개월 뒤인 8~9월경에 더 이상 꽃이 피지 않을 때 참깨 줄기를 낫으로 잘라 수확한 뒤 건조시킨다.

그 외 파종 정보 & 병충해
참깨는 장마철 전후로 병충해가 크게 발생하므로 6월 초중순에 진딧물, 잎이 마르는 엽고병, 장마철에 발생하는 역병, 잎과 줄기가 시드는 시들음병 방제약을 섞어 미리 방제하고 이후 10일 간격으로 계속 방제한다. 또한 어린 모종이 고사하는 입고병이 발생할 경우를 대비해 종자 소독을 하고 파종한다.

맛있는 국산 팥 재배하기
팥(소두)

콩과 한해살이풀 *Vigna angularis* 꽃 : 8월 높이 : 30~50cm

월별 재배 일지	1	2	3	4	5	6	7	8	9	10	11	12
씨뿌리기						▬						
아주심기					▪							
순따기							▬	▬				
밑거름 & 웃거름					▬	▬						
수확하기										▬		

꽃

　농촌의 논밭 길을 다니다 보면 꼭 한두 평 남짓한 공간에 심어져 있는 것이 팥이다. 콩만큼 요긴한 쓰임새가 없어도, 명절 때 팥떡을 만들려면 반드시 필요하기 때문에 팥 농사를 너도나도 하는 모양이다.

1 채취한 열매
2 잎
3, 4 꽃과 전초

그럼에도 불구하고 팥빙수에 들어가는 팥은 대부분 중국산인 것을 보면 팥 농사가 다른 농사에 비해 쉽지 않은 모양이다. 일반적으로 콩은 큰 콩이란 뜻에서 대두(大豆)라고 부르고 팥은 크기가 작다 하여 소두(小豆) 또는 종자 색이 붉다 하여 적두(赤豆)라고

팥빙수의 주재료인 팥앙금

불린다.

  중국 히말라야 산맥 일대가 원산지인 팥은 주로 중국, 한국, 일본에 널리 전래되었다. 우리나라와 중국에서는 BC 3000년경 유적지에서 팥의 흔적이 발견되었으므로 재배 역사로 보면 꽤 오래된 식물임에 분명하다.

  팥의 줄기는 전체적으로 덩굴성이지만 높이 30~50cm로 자라는 작고 아담한 크기이다. 3출엽의 잎은 줄기에서 어긋나고 줄기에는 약간의 털이 있다. 꽃은 8월에 나비 모양으로 피고 노란색이다.

  들판에서 흔히 보는 팥과 비슷한 식물은 팥의 원종인 '새팥'을 말하는데 팥과 달리 덩굴 성질이 아주 강해 풀밭에서 거의 기면서 자란다. 팥은 덩굴 성질이 있지만 줄기가 직립하고 위에서 많이 갈라지는 잔가지가 약간의 덩굴 속성이 있다.

식용 방법
팥을 푹 삶아 단팥죽, 팥떡, 팥빙수, 팥칼국수, 팥아이스크림, 팥찹쌀떡, 팥빵, 팥페스추리, 찐빵, 비스킷에 넣어 먹는다. 우리나라에선 팥밥을 만들어 먹기도 하고, 일본에서는 만주, 모나카 등을 만들 때 팥을 넣는다. 팥으로 만든 수프도 맛나다.

약용 및 효능
팥의 주성분은 전분 34%, 단백질 20%이고 그 외에 비타민 B 1, 폴리페놀, 마그네슘, 칼륨, 아연 성분이 함유되어 있다. 이뇨, 염증, 주독, 각기병, 빈혈, 신장병, 변비에 효능이 있다. 각종 부종이나 빈혈에는 삶은 팥을 그대로 먹고, 그 외의 병증에는 비슷한 효능이 있는 약재와 섞어 달여 먹는다.

재배 환경
용기 재배
수경(양액) 재배
베란다 텃밭
노지(옥상) 텃밭

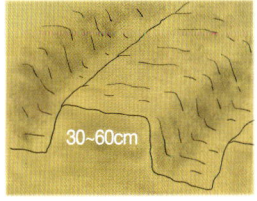

토양 준비하기
비옥한 토양은 물론 일반 토양에서도 잘 자란다. 이랑 너비는 30~60cm로 준비한다.

씨앗으로 재배하기
평균적으로 6월에 파종한다. 남부 지방은 7월 상순까지 파종할 수 있다. 구멍당 3립 내외의 씨앗을 손가락 2마디 깊이로 파종하고 흙을 덮는다.

모종으로 재배하기
5월 중순에 포트에 2~3립씩 파종한 뒤 6월 초순 텃밭에 아주 심는다. 재식 간격은 15cm로 한다.

재배 관리하기
노지에 파종한 경우에는 보통 7일 전후에 발아하기 시작한다. 초기에는 수분을 다소 촉촉하게 관수한다.

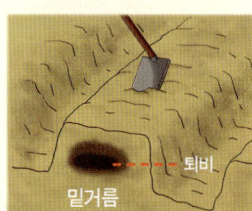

비료 준비하기
비옥한 토양에서는 별도의 퇴비를 주지 않아도 된다. 척박한 토양에서는 약간의 밑거름을 준 뒤 밭을 만들고 팥을 파종한다.

밑거름   퇴비

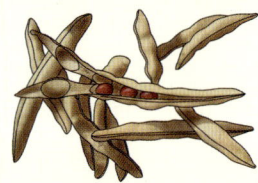

수확하기
일반적으로 8월 중순 전후에 개화를 한다. 수확은 10월 중순 전후가 좋다.

그 외 파종 정보 & 병충해
파종시 종자 소독약으로 종자를 소독하고 파종하거나 소독된 종자를 구입해 파종한다. 갈색 또는 흑갈색 반점이 생기면서 낙엽이 지는 탄저병이 발생하면 잎을 빨리 제거하고 약으로 방제한다. 잎이나 줄기가 오그라드는 오갈병도 잘 걸리므로 약으로 방제한다. 그 외에 콩나방, 점무늬병이 발생하는 경우도 있다.

유전자 변형 없는 우리 콩 재배하기
콩(대두)

콩과 한해살이풀 *Glycine max* 꽃 : 7~8월 높이 : 60cm

월별 재배 일지	1	2	3	4	5	6	7	8	9	10	11	12
씨뿌리기					■	■						
아주심기					■							
북주기 & 순따기						■	■					
밑거름 & 웃거름				■	■	■						
수확하기								■	■	■		

꽃

 팥에 비해 재배량이 월등히 많을 정도로 우리나라의 밭에서도 흔히 기르는 작물이다. 한자로는 '대두', 영어로는 '소이빈'이라고 하며 두부, 된장, 간장, 두유, 콩국수 국물을 만드는 콩으로 유명하다. 원

1 전초
2 백태
3 쌈 채소로 요즘 인기 있는 콩잎
4 꽃

  산지는 중국이지만 극동아시아와 미국 등지에서 많이 재배하고, 세계 최대 생산국은 미국, 아르헨티나, 브라질, 중국, 인도 순이다. 미국의 경우 콩의 최대 생산국이지만 생산량을 높일 목적으로 탄생한 유전자 변형 콩 때문에 많은 문제가 발생하고 있다.
  콩의 줄기는 높이 60cm 정도로 자라고 억센 털이 있다. 어긋난 잎은 3출엽의 작은 잎 3개로 되어 있고, 잎의 모양은 달걀 모양이거나

타원형이다.

  꽃은 7~8월에 잎겨드랑이에서 총상화서로 달리고 꽃의 색상은 자줏빛이 도는 흰색이다. 꽃의 크기는 팥 꽃에 비해 작은 편이고 꽃자루가 거의 없거나 짧다. 꽃받침은 5조각으로 갈라지고 수술은 10개, 수술 끝 부분은 2개로 갈라진다.

  열매는 협과의 꼬투리 모양이고 표면에 거친 털이 있다. 꼬투리를 까면 보통 1~7개의 종자가 들어 있다.

  씨앗의 색상은 품종에 따라 황백색, 검정색, 갈색, 녹색 등이 있는데 이 중에 황백색 콩은 '백태', 검정 콩은 알맹이가 초록색인 '서리태', 알맹이가 노란색인 '흑태', 검정 콩 중 크기가 가장 작은 '서목태'가 있다.

식용 방법
두부, 두유, 된장, 콩국수, 콩고기, 콩기름(대두유)을 만든다. 백태는 보통 메주, 간장, 두부, 두유를 만들 때 사용하므로 메주콩이라고 한다. 서리태는 콩국수 국물로 일품이고 서목태는 약콩으로 사용한다. 약콩은 콩나물용 콩으로도 사용한다. 참고로 시중의 콩나물용 콩은 80%가 중국에서 들어온 콩이고 시장에서 볼 수 있는 콩은 싹의 길이(콩나물대 길이)가 길기 때문에 콩나물 재배용으로 적합하지 않으므로 종묘상에서 콩나물용 콩을 구입해야 한다.

약용 및 효능
콩 100g에는 단백질 13%, 지방 5.7%, 탄수화물 11%가 함유되어 있다. 콩을 약용할 경우 일반적으로 약콩(서목태, 쥐눈이콩)을 약용한다. 약콩 알맹이는 피를 잘 돌게 하고 해독, 황달부종, 근육경련, 중풍 초기 증세에 효능이 있고, 잎은 뱀에 물린 상처에 효능이 있다. 황색 콩인 백태는 하리, 임신중독, 부종에 효능이 있다.

재배 환경
용기 재배
수경(양액) 재배
베란다 텃밭
노지(옥상) 텃밭

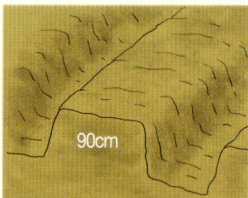
토양 준비하기
비옥한 토양에서 잘 자라지만 일반 토양에서도 성장이 양호하다. 이랑 너비는 90cm로 준비한다.

씨앗으로 재배하기
중부 지방은 5~6월에 파종한다. 남부 지방의 이모작 밭은 6~7월 초순에 파종한다. 2립씩 5cm 깊이로 심고 흙을 덮는다.

모종으로 재배하기
5월 중순에 아주 심으려면 20일 전에 포트에 1립씩 파종한 뒤 육묘한다. 모종 재식 간격은 50x30cm로 한다.

재배 관리하기
본잎이 2~3장일 때와 5~6장일 때 1, 2차 북주기를 한다. 본잎이 5~7장일 때와 꽃 피기 전에는 순지르기를 한다. 필요한 경우 한냉사(그물망)를 설치해 날벌레의 침입을 방지한다.

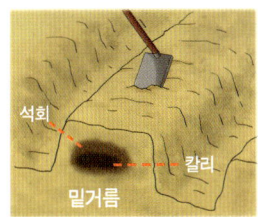

비료 준비하기
파종 10~20일 전에 밑거름으로 석회+칼리 혼합 비료를 주고 밭두둑을 만든다.

수확하기
파종 후 약 115일 전후에 콩잎이 노랗게 떨어지는 9~10월에 수확한다.

그 외 파종 정보 & 병충해
어린 모종이 고사하는 입고병이 발생할 경우를 대비해 종자 소독약으로 종자를 소독한 뒤 파종한다. 6~7월에 잎과 줄기가 시드는 시들음병이 발생할 경우 방제한다. 장마철 전후에 줄기가 썩는 역병이 발생하므로 미리 방제하거나, 방제를 안 한 경우 고랑을 깊게 파 물빠짐을 좋게 하고 썩은 식물체는 뿌리 채 뽑아 없앤다.

콩밥으로 즐겨 먹는
강낭콩

콩과 한해살이풀 *Phaseolus vulgaris* 꽃 : 7~8월 길이 : 2m

월별 재배 일지	1	2	3	4	5	6	7	8	9	10	11	12
씨뿌리기				■								
아주심기					■							
북주기					■							
밑거름 & 웃거름				■	■							
수확하기							■					

꽃

　열대 아메리카 원산으로서 국내에는 중국을 통해 전래되었다. 영어로는 Kidney bean(신장 모양 콩) 또는 Chili bean 종류가 우리나라에서 말하는 강낭콩 종류로 추정된다. 일제 강점기 때 여러 품종이 도입되면서 현재는 여러 색상의 꽃, 여러 모양의 품종을 강낭콩으로 부른다.

줄기는 길이 2m 내외로 자라고 약간의 털이 있지만 콩 줄기에서 볼 수 있는 강한 털에 비해 털이 적은 편이다.

어긋난 잎은 3개의 작은 잎으로 된 3출엽이고, 작은 잎은 넓은 달걀형이거나 사각형에 가까운 달걀 모양이다.

꽃은 7~8월에 총상화서로 달리고 품종에 따라 흰색, 황백색, 연분

1 꼬투리와 종자
2 강낭콩(Kidney bean)

3, 4 잎
5 전초

  홍색, 자주색으로 피고 수술은 10개, 암술은 1개이다. 꽃의 색상은 품종이 따라 많이 달라지는데 Kidney beans은 일반적으로 흰색 또는 황백색 꽃이 핀다.

  꼬투리 모양의 열매는 길이 10~20cm 정도이고, 꼬투리 안의 종자는 품종에 따라 붉은색, 녹색, 노란색, 검은색, 자주색이거나 무늬가 있는 품종이 있다. 콩의 생김새는 신장 모양에서 통통한 모양까지 있다. 기본적으로 강낭콩으로 부르는 콩은 Kidney beans 콩 종류이고 색상은 팥과 비슷하지만 생김새는 신장 모양이다.

식용 방법

우리나라에서는 강낭콩 종류를 콩밥이나 콩떡, 콩이 들어간 빵으로 즐겨 먹는다. 서양에서는 Kidney beans를 각종 콩 요리로 먹거나 튀김, 구이, 생선 요리에 곁들여 먹고 수프, 절임으로 먹는데, 특히 멕시코 칠리 요리에서 즐겨 사용한다. 잎은 국내에서 사료용으로 사용하지만 어린잎을 샐러드로 먹는 경우도 있다.

약용 및 효능

다른 콩과 마찬가지로 강낭콩 종류의 주성분은 전분, 단백질, 몰리브덴, 티아민, 비타민 B6, 식이섬유, 철, 칼륨, 엽산 등이다. 약용할 경우 이뇨, 해열에 효능이 있고 몸을 튼튼하게 한다. 원산지의 원주민들은 여드름, 화상, 당뇨, 이질, 습진, 딸국질 치료 목적으로 사용한 기록이 있다.

재배 환경

- 용기 재배
- 수경(양액) 재배
- 베란다 텃밭
- 노지(옥상) 텃밭

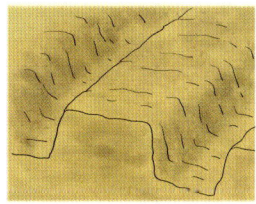

토양 준비하기

비옥한 토양은 물론 일반 토양에서도 잘 자란다. 이랑 너비는 60cm로 준비한다(왜성종). 비닐 피복 재배를 권장한다.

씨앗으로 재배하기

왜성종은 4월 하순에 2~3알씩 3cm 깊이로 파종한다.

모종으로 재배하기
재식 간격은 30x30cm 간격을 유지한다. 4월 하순에 텃밭에 심을 목적이라면 10~20일 전에 포트에 파종한 뒤 육묘한 후 4월 하순에 텃밭에 심는다.

재배 관리하기
본잎이 서너 개일 때 북주기를 한다. 강낭콩의 경우 순지르기를 하지 않는다.

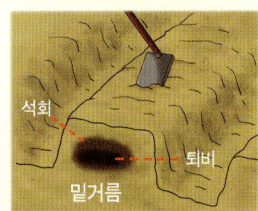

비료 준비하기
파종 10~20일 전 밑거름으로 퇴비+석회를 혼합해 주고 밭두둑을 만든다. 본잎이 대여섯 개 달릴 때 유기질 비료를 웃거름으로 준다.

수확하기
왜성종은 파종 후 2개월 뒤 20여 일간 수확할 수 있다. 콩밥으로 지어 먹는다.

그 외 파종 정보 & 병충해
파종시 종자 소독된 종자로 파종한다. 콩이나 팥과 비슷한 병충해가 자주 발생하므로 그에 맞게 방제한다. 강낭콩의 경우 특히 수경 재배가 잘 되는 작물이므로 가정에서 키울 경우 수경 재배를 시도하는 것도 좋다.

콩과 식물 중 재배하기 가장 쉬운
완두(완두콩)

콩과 한해/여러해살이풀　*Pisum sativum*　꽃 : 8월　높이 : 2m

월별 재배 일지	1	2	3	4	5	6	7	8	9	10	11	12
씨뿌리기			■	■								
아주심기				■								
김매기					■	■	■					
밑거름 & 웃거름			■									
수확하기					■	■	■	■				

꽃

　야생종은 지중해 연안과 시리아, 터키 일대에 분포하므로 일반적으로 지중해 연안을 완두의 원산지로 보고 있다. 이집트 유적지의 발굴 결과 약 5천 년 전부터 재배한 식물로 추정되는 완두는 BC 2천 년경 인도에, 서기 500년경 중국에 전래되었다. 지금은 서유럽과 미국, 인

도, 중국 등지에서 대규모로 재배하는 요리용 콩과 식물의 대표 농작물이다.

완두의 줄기는 높이 2m까지 자라지만 국내에서는 1m 내외로 자란

1 모종
2 꼬투리 열매
3 잎

다. 어긋난 잎은 2개의 작은 잎으로 된 겹잎이고, 잎 모양은 긴 타원형이거나 넓은 타원형이다. 각각의 줄기 끝은 덩굴손이 있어 물체를 감아오르며 자란다.

완두는 잎의 모양이 흔히 보는 콩과 식물과 다른 모양이므로 쉽게 알아볼 수 있다. 꽃이 피는 시기는 파종 시기에 따라 제각각인데 보통 5월에 꽃이 피고 색상은 흰색, 붉은색, 자주색 등이 있다. 꼬투리 모양의 열매에는 평균 5~6개의 녹색 종자가 들어 있는데 이 종자를 완두콩이라고 한다.

재배 방법은 여러 가지가 있는데 일반적으로 10~11월에 파종하여 이듬해 3~6월에 수확하는 방법, 3~6월에 파종하여 8~10월에 수확하는 방법, 9월에 파종하여 12~3월에 수확하는 방법이 있다. 또한 조생종, 만생종에 따라 생육 기간이 한두 달씩 길거나 느려지므로 파종 날짜가 같아도 수확 날짜는 품종에 따라 다르다. 겨울 재배와 가을 재배는 비닐하우스 시설이 필요하므로 가정의 작은 텃밭에서 키울 경우에는 보통 3월 말부터 파종하고 초가을에 수확하는 방법을 권장한다.

식용 방법
완두콩 밥, 완두콩 떡, 완두콩이 들어간 빵으로 먹거나 각종 볶음 요리에 익힌 완두콩을 넣어 볶아 먹는다. 앙금이나 분말을 만들어 떡이나 빵의 재료로 사용한다. 서양에서는 미숙한 열매를 날것으로 샐러드와 같이 먹고, 성숙한 열매는 익힌 뒤 샐러드에 넣어 먹는다. 수프, 죽, 각종 요리와 함께 조리해 먹는다. 어린잎은 샐러드로 먹는다.

약용 및 효능
100g당 단백질 6g, 탄수화물 17g, 섬유질 2.4g, 인 102mg, 비타민 A 405mg, 티아민 0.28mg, 리보플라빈 0.11mg, 니아신 2.8mg, 비타민 C 27mg이 함유되어 있고 100g당 칼로리는 44칼로리이다. 탄수화물 성분이 높은 만큼 다른 콩에 비해 단맛이 많다. 말린 종자의 분말은 여드름 같은 피부 트러블에 효능이 있고, 종자를 압착해서 얻은 오일은 피임에 효능이 있다.

재배 환경
용기 재배
수경(양액) 재배
베란다 텃밭
노지(옥상) 텃밭

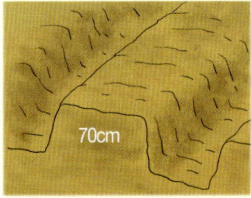
토양 준비하기
점토질의 비옥토에서 잘 자란다. 이랑 너비는 70cm로 준비한다. 이른봄 재배는 비닐 피복 재배를 권장한다. 또한 1대 1 지주대 설치가 필요하다.

씨앗으로 재배하기
3월 하순~4월 하순에 2알씩 5cm 깊이로 파종하면 약 2주일 뒤 싹이 올라온다.

모종으로 재배하기
모종으로 재배할 경우 보통 4월 말에 텃밭에 아주 심는다. 4월 초에 포트에 파종하면 4월 말에 아주 심을 수 있다. 재식 간격은 25x20cm 간격이 좋다.

재배 관리하기
1대 1 지주대와 유인줄을 반드시 설치한다. 완두콩은 순따기를 하지 않는다. 잡초 발생 상황에 따라 김매기를 한다.

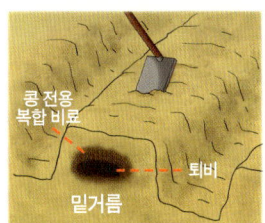

비료 준비하기
밑거름은 퇴비와 콩 전용 복합비료를 혼합해 주고 밭두둑을 만든다. 그 외 추가 비료 없이 성장이 양호한 편이다.

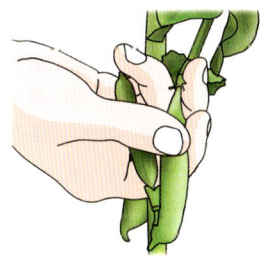

수확하기
품종과 기후에 따라 파종한 후 약 2~3개월 지나면 수확할 수 있다.

그 외 파종 정보 & 병충해
종자 소독약으로 종자를 소독하고 파종한다. 콩과 식물 중에서 상대적으로 병충해 발생 비율이 적고 비료 없이도 성장이 양호하기 때문에 파종 후 추가 비료를 주지 않는다. 재배 관리가 편하기 때문에 수경 재배 등의 다른 방법으로도 잘 성장한다.

껍질이 두꺼워 식용보다는 관상용인
제비콩

콩과 한해/여러해살이풀　*Lablab purpureus*　꽃 : 7~9월　길이 : 2m

월별 재배 일지	1	2	3	4	5	6	7	8	9	10	11	12
씨뿌리기				■					■	■		
아주심기												
김매기												
밑거름 & 웃거름			■						■			
수확하기							■	■	■	■		

꽃

　영어로는 Hyacinth Bean이라고 불린다. 열대 지방 원산이지만 전 세계에 전파되어 우리나라의 농촌 촌락에서도 흔히 볼 수 있다. 국내

1 덜 익은 종자
2 잎
3 열매

　에서는 관상용으로 키우지만 식용할 수 있는 식물 중 하나이다. 단, 열매를 날것으로 식용할 경우 독성에 중독되므로 익혀 먹는 것이 안전하다.

　줄기는 덩굴 성질이 있어 물체를 감아오르며 길이 2m 내외로 자란다. 3출엽의 잎은 3개의 작은 잎으로 되어 있고 작은 잎은 넓은 달걀

전초

모양의 길이 5~10cm 정도이다.

나비 모양의 꽃은 7~8월에 흰색 또는 자주색으로 개화한다. 열매 꼬투리는 자주색이거나 보라색 등이 있고, 길이 6cm 내외, 꼬투리 안에는 평균 5개의 종자가 들어 있다. 종자 표면에 점박이가 있다고 하여 까치콩이라고도 불린다.

제비콩의 종자는 다른 콩에 비해 껍질이 두껍기 때문에 콩밥으로 먹을 경우 맛이 좋지 않은 편이다. 그래서 우리나라에서는 식용보다는 관상용으로 즐겨 키우지만 약용 효능이 있어 장염 같은 배알이에 약용할 수 있다.

식용 방법
단백질, 탄수화물 함량이 높아 주식 대용으로 먹을 수 있다. 종자는 이웃 일본에서 두부나 두유의 재료로 사용하고 인도네시아식 템페(Tempeh) 발효식품을 만든다. 서양에서는 제비콩을 각종 요리나 카레에 넣어 먹기도 한다. 어린잎은 시금치처럼 먹을 수 있고 꽃은 수프와 스튜에 넣어 먹는다. 미성숙 종자는 식용이 가능하지만 반드시 익혀 먹는 것이 좋으며, 바짝 마른 종자는 독성을 제거하기 위해 두어 차례 물에 푹 끓인 뒤 식용한다. 콩밥으로 지어 먹을 수도 있지만 껍질이 두껍기 때문에 맛은 없다.

약용 및 효능
100g당 단백질 21g, 탄수화물 61g, 섬유 6.8g, 회분 3.8g, 칼슘 98mg, 인 345mg, 철 9mg이 함유되어 있다. 한의학에서는 흰 꽃이 피는 품종의 종자를 백편두, 자주꽃이 피는 품종의 종자를 흑편두라고 하여 종자를 생강즙과 함께 볶아 먹는다. 설사, 급성 위장염, 구토, 식중독, 알코올 중독, 복어 독에 효능이 있고 임질, 콜레라, 일사병에도 효과가 있다.

재배 환경
용기 재배
수경(양액) 재배
베란다 텃밭
노지(옥상) 텃밭

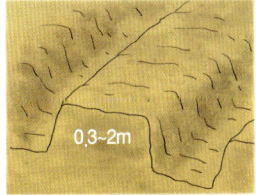
0.3~2m

토양 준비하기
토양을 가리지 않는다. 앞의 다른 콩과 작물과 달리 덩굴 길이가 2~3m로 자라므로 덩굴이 타고 오를 수 있도록 울타리나 담장가에 심는다.

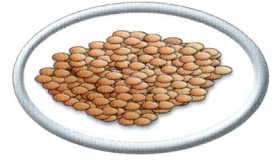

씨앗으로 재배하기
4월 초 또는 가을에 종자를 2시간 동안 뜨거운 물에 담가두었다가 파종한다.

재식 간격 지키기
별도의 재식 간격이 필요하지 않다. 담장가나 텃밭에 점뿌림으로 적당히 파종한 뒤 덩굴손이 타고 오르도록 지지대와 유인줄을 설치한다.

재배 관리하기
가뭄에 비교적 잘 견디므로 재배 관리에 별달리 신경 쓸 필요가 없다.

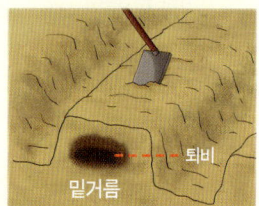

밑거름   퇴비

비료 준비하기
척박한 토양에서도 성장이 양호하다. 굳이 밑거름을 줄 필요가 없지만 때에 따라 파종 10~20일 전에 약간의 밑거름을 주고 파종한다.

수확하기
파종 후 90~120일 지나면 종자를 수확할 수 있다.

그 외 파종 정보 & 병충해
국내에서는 대규모의 제비콩 경작지가 없기 때문에 병충해 발생 여부가 알려지지 않았다. 대부분 담장이나 울타리에서 관상용으로 키우기 때문에 병충해에 노출되지 않고 잘 자라는 편이다.

잭과 콩나무 동화에 나오는 콩
작두콩

콩과 한해살이풀 *Canavalia ensiformis* 꽃 : 8월 길이 : 2m

월별 재배 일지	1	2	3	4	5	6	7	8	9	10	11	12
씨앗 뿌리기				■								
아주심기					■							
순따기 & 북주기						■	■					
밑거름 & 웃거름				■			■	■				
수확하기										■		

꽃

　콩밥을 먹을 때 흔히 볼 수 있는 엄지 손가락 한 마디 크기의 흰색 콩이 작두콩이다. 다른 콩의 3배 정도 크기이기 때문에 어린 아이들도 이 콩을 단번에 알아본다. 원산지는 아시아, 아프리카 등의 열대

전초

지역이므로 국내의 경우 중부 이남에서 재배할 수 있다. 남부 지방에서는 농가 담벼락에서 흔히 키우고 요즘에는 온난화의 영향 때문에 서울 같은 중부 지방에서도 생육이 왕성한 편이다. 영어로는 Jack bean이라고 불린다.

1 잎
2 수확한 작두콩
3 아이 팔뚝만한 작두콩 열매

 작두콩의 줄기는 길이 2m 내외로 자란다. 덩굴 성질이 매우 강하기 때문에 그물 형태의 지주대에 줄기를 묶어 위로 성장하도록 잡아주는 것이 좋다. 꽃은 8월경 수상화서로 10여 개가 모여달린다. 꽃의 색상은 흰색, 연한 핑크색, 보라색 등이 있고 수술은 10개, 암술은 1개이다.

 꼬투리 모양의 열매는 최대 30cm 길이로 자라고 열매의 폭은 5cm 내외이다. 열매 모양이 언뜻 보면 커다란 작두날처럼 보이기 때문에 작두콩이라는 이름이 붙었다. 열매 안에는 평균 10~14개의 종자가 들어 있고 종자의 색상은 흰색 또는 붉은색이다.

 송자에 함유된 미약한 독성은 펄펄 끓이면 독성이 사라지기 때문에 국내에서는 콩밥으로 즐겨 먹는다. 비옥한 토양에서는 덩굴 길이가 3m로 자라기 때문에 담장을 뒤덮을 뿐만 아니라 전신주를 타고 올라가는 경우도 많다.

식용 방법
일반적으로 어린 작두콩을 식용한다. 미약한 독성이 있지만 끓이면 독성이 제거된다. 어린잎은 사람이 식용할 수 있으므로 나물 등으로 무쳐 먹는다. 전초는 가축 사료용으로 사용한다.

약용 및 효능
식물체에 우레아제(Urease)라는 효소가 다량 함유되어 있다. 한방에서는 배가 더부룩한 증세, 원기회복, 정기가 허한 증세에 잘 말린 종자를 9~15g씩 달여 복용한다. 열매 껍질은 만성 하리, 후두결핵에 약용하고, 뿌리는 만성 두통, 척추통, 하리, 타박상에 9~15g씩 달여서 복용하거나 외용한다. 암 예방에도 효능이 있는 것으로 알려져 있다.

재배 환경
용기 재배
수경(양액) 재배
베란다 텃밭
노지(옥상) 텃밭

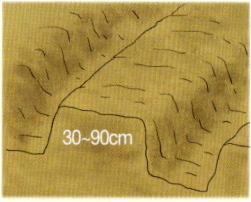
토양 준비하기
사질 양토에서 잘 자란다. 울타리나 담장가에 심는 것이 좋으며 텃밭에 심을 경우에는 지주대와 유인줄을 설치하되, 지주대의 높이는 1~2m 정도로 한다.

30~90cm

씨앗으로 재배하기
4월 말~5월 초에 2~3알씩 심는다. 씨앗 배꼽을 아래쪽으로 하여 40cm 간격으로 파종한다.

모종으로 재배하기
5월 초에 텃밭에 정식할 경우 20일 전에 포트에 파종한 뒤 육묘한 뒤 심는다.
재식 간격은 50x70cm 간격이 좋다.

재배 관리하기
콩 재배와 비슷한 방식으로 순따기와 북주기를 한다. 보통 2회 실시한다. 잡초는 상황을 보아 가며 김매기를 한다.

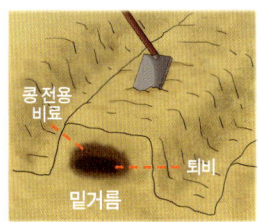

비료 준비하기
밑거름은 퇴비와 콩 전용 비료를 혼합한 뒤 사용하고 밭두둑을 만든다. 웃거름은 꽃이 필 때(6월 말 전후)와 꽃 핀 후 20일 뒤에 준다.

수확하기
5월 초에 파종할 경우 10월 초중순에 수확한다.

그 외 파종 정보 & 병충해
다른 콩에 비해 콩 껍질이 두껍기 때문에 파종 전 발아가 잘 되도록 종자의 배꼽 반대 등 부분에 작은 상처를 낸 다음(도려낸 뒤) 8시간 정도 물에 담근 뒤 파종한다. 병충해로는 진딧물과 응애가 잘 발생하는데 특히 진딧물에 취약하므로 살충제로 방제한다.

녹두 빈대떡과 숙주나물의
녹두

콩과 한해살이풀 *Vigna radiata* 꽃 : 8월 높이 : 30~80cm

월별 재배 일지	1	2	3	4	5	6	7	8	9	10	11	12
씨뿌리기						■						
아주심기												
김매기							■	■				
밑거름 & 웃거름					■							
수확하기								■	■	■		

꽃

    인도 원산으로서 인도, 중국, 우리나라에서 즐겨 재배하지만 역사적으로는 몽골에서 녹두의 야생종을 맨 처음 재배한 것으로 추정하고 있다. 인도의 유적지 발굴을 토대로 하면 인도에서는 약 4천 년 전

깐 녹두

부터 재배해 온 것으로 보이며 그 후 남아시아와 중국 일대로 전래되었고 10세기경 아프리카로 전파되었다. 우리나라에서는 빈대떡의 재료로만 알려져 있지만 사실 녹두를 발아시킨 것이 숙주나물이므로 제삿상에서도 빼놓을 수 없는 소중한 농작물이다.

녹두의 줄기는 높이 30~80cm로 자라고 전체적으로 퍼진 털이 나 있다. 잎은 성기게 자라는 경향이 있어 전체적으로 왜소해 보인다.

어긋난 잎은 3출엽의 작은잎 3장으로 되어 있고 작은잎 하단부에는 뾰족한 턱잎이 있어 콩잎이나 팥잎과 구별할 수 있다.

노란색의 꽃은 8월에 잎겨드랑이에서 총상화서로 달리고 열매는 가느다란 꼬투리 형태이다. 꼬투리 표면에도 퍼진 털이 있고, 꼬투리

1 전초
2 녹두잎과 뾰족하게 달려 있는 턱잎
3 꼬투리 열매

안에는 타원형의 연한 붉은색 또는 녹색의 종자가 들어 있다. 종자는 크기가 작지만 맛이 좋아 우리나라뿐 아니라 아시아 각국에서 요리용으로 흔히 사용한다.

　수경 재배로 키우는 녹두는 실내 온도를 20~30도 사이에서 잘 유지하면 보통 5~7일차에 숙주나물로 자란다. 숙주나물로 자란 녹두를 화분에 정식하면 떡잎(숙주나물 머리) 사이로 새 잎이 올라오면서 잘 자라기 시작한다.

　참고로, 녹두 장군 전봉준은 그가 녹두처럼 작지만 야무지다는 뜻에서 녹두 장군이라는 별명이 붙었다고 한다.

식용 방법
국내에서는 녹두를 빈대떡, 숙주나물, 녹두죽, 청포묵으로 먹는 반면 동남아시아 국가들은 우리의 당면 비슷한 투명 국수를 만들어 먹는다. 인도네시아는 녹두와 코코넛 우유 등을 섞어 Kacang Hijau라는 죽을 만들어 먹고, 필리핀은 녹두 수프로 먹는다. 인도 북부 지방은 우리의 녹두전과 비슷한 Moong dal cheela라는 팬케익을 만들어 주식으로 먹는다. 이 팬케익엔 커민, 아위, 고수 같은 고약한 향신료가 많이 들어간다.

약용 및 효능
녹두 100g에는 단백질 22g, 탄수화물 59g, 칼슘 49mg, 인 286m, 철 3.2mg, 카로테노이드 색소 0.22mg 등이 함유되어 있고 숙주나물에는 비타민 A, B, C, E, 칼륨, 철, 칼슘 등의 미네랄이 함유되어 있다. 녹두는 당뇨와 높은 콜레스테롤을 예방하고 해열, 해독 기능이 있다. 숙주나물은 암, 고혈압을 예방하고 열사병, 다이어트에 좋다.

재배 환경
용기 재배
수경(양액) 재배
베란다 텃밭
노지(옥상) 텃밭

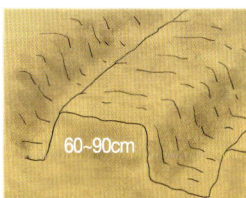
토양 준비하기
산성 토양에서는 재배가 아예 불가능하므로 거름기가 없는 토양이라면 밑거름이 많이 필요하다. 이랑 너비는 60~90cm로 쥬비하다

씨앗으로 재배하기
6월 파종이 최적기이다. 점뿌림으로 2립씩 3~5cm 깊이로 파종한다.

모종으로 재배하기
춥지 않는 초여름에 파종하기 때문에 모종보다는 씨앗 파종을 권장한다. 재식 간격은 60x20cm 간격을 권장한다.

재배 관리하기
수분은 다소 건조하게 관리하고, 순지르기는 하지 않는다. 김매기는 잡초 상황을 보아 가며 2~3회 실시한다.

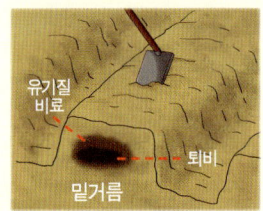

비료 준비하기
산성 토양일 경우 밑거름으로 품질 좋은 유기질 비료를 사용한다.

유기질 비료
퇴비
밑거름

수확하기
꽃 피는 시기가 제각각이므로 8월 말~10월 사이에 수시로 수확한다.

그 외 파종 정보 & 병충해
종자 소독된 씨앗을 구입해 파종한다. 진딧물 방제는 꽃이 피기 전 줄기의 진딧물 상태를 보고 방제한다. 텃밭에서 키우는 녹두는 잎, 줄기, 꼬투리에 황색 병반이 생긴 뒤 흑갈색으로 변하고 시들어버리는 갈색무늬병에 약하므로 꽃이 개화할 무렵 방제한다.

고소하고 맛있는
땅콩

콩과 한해살이풀 *Arachis hypogaea* 꽃 : 6~9월 높이 : 30~60m

월별 재배 일지	1	2	3	4	5	6	7	8	9	10	11	12
씨뿌리기				■								
아주심기					■							
북주기							■					
밑거름 & 웃거름			■	■			■	■				
수확하기										■		

꽃

　땅콩의 원산지는 남아메리카이지만 현재까지도 땅콩의 정확한 야생 상황은 정확하게 알려지지 않았다. 지금의 땅콩은 야생종 땅콩인 A. duranensis 품종과 A. ipaensis 품종 두 품종의 게놈 정보를 가지고 있고 4배체의 또 다른 야생종 땅콩인 A. monticola 품종과도

관련이 있어 A. monticola 품종을 땅콩의 조상으로 추정하고 있다.

땅콩을 맨 처음 재배한 지역은 파라과이나 볼리비아 어디쯤으로 추정하지만 페루의 7600년 된 유적지에서도 땅콩 표본이 발견된 바, 신대륙의 청동기 시대 말기에 청동기인들이 이미 땅콩 재배를 시작한 것으로 보인다. 이 후 땅콩은 스페인의 신대륙 발견 때 유럽에 전

1 전초
2 모종
3 잎
4 비닐 피복으로 재배하는 땅콩 농사

래되었고 우리나라에는 19세기 초 중국을 통해 전래되었다.

  재미있게도 우리보다 먼저 땅콩을 받아들였던 미국은 땅콩을 먹는 방법을 몰라 한동안 이 식물을 동물 사료용으로만 경작하였다. 사실 미정부는 이미 19세기 말부터 땅콩을 미국의 대표 농작물로 선정한 뒤 땅콩 소비 운동을 강력히 전개하였지만 대부분의 미국 시민들은 땅콩을 동물 사료용으로만 생각하였다.

  훗날 미국 시민들도 땅콩을 먹기 시작했는데 여기에는 땅콩 박사로 유명한 카버 박사의 노력도 있었지만 그 당시 발명된 땅콩버터의 영향이 가장 컸다. 하지만 미국 시민들이 땅콩에 대한 인식을 바꾼 결정적인 이유는 다른 데에서 찾을 수 있었다.

  1929년에 발생한 경제 대공항 때문에 국민의 절반이 실업자로 전락하자 돈이 없었던 시민들이 사료용으로 생각한 땅콩을 식탁에 올리기 시작한 것이다. 돈이 없으면 흙뿌리라도 먹어야 하는 게 사람의 인생인가 보다.

식용 방법
날땅콩을 볶아 먹거나 땅콩 가루를 만든다. 고소한 맛이 일품인 땅콩 가루는 요리용이나 제빵용으로 인기만점이다. 또한 초콜릿, 과자, 사탕, 땅콩버터의 재료로 사용한다. 미국과 중국에서는 삶은 땅콩을 간식으로 먹고, 남미에서는 고기 요리와 소스에 땅콩을 사용한다.

약용 및 효능
땅콩 100g에는 단백질 29g, 지방 45g, 탄수화물 15g이 함유되어 있어 콩에 비해 지방 함량이 매우 높지만 니아신 성분이 함유되어 뇌와 혈액순환에 도움이 된다. 또한 변비, 항염증, 일부 혈액 질환에 효능이 있고 다른 약재와 섞어 임질 치료나 최음제 목적으로 사용하기도 한다. 단백질과 지방 함량이 높기 때문에 허약한 체질을 보신할 때 좋지만 살이 잘 찌는 체질은 땅콩을 가급적 적게 먹어야 한다.

재배 환경
용기 재배
수경(양액) 재배
베란다 텃밭
노지(옥상) 텃밭

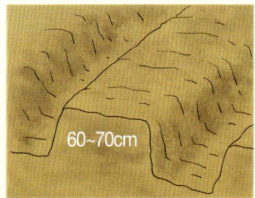
토양 준비하기
모래가 섞인 부식질 토양에서 잘 자란다. 이랑 너비는 60~70cm로 준비한다. 기본적으로 비닐 피복 재배를 권장한다.

씨앗으로 재배하기
4월 하순~5월 초순에 땅콩을 2알씩 2~3cm 깊이로 파종한다. 파종 전에 밤새 물에 불린 뒤 파종하면 발아가 잘 된다. 비닐 피복 재배시 10일 정도 일찍 파종할 수 있다.

모종으로 재배하기
모종으로 재배할 경우에는 밭에 정식하기 한 달 전에 포트에 파종한다. 20도 이상의 온실에서 2주일 뒤면 발아한다. 재식 간격은 30x25cm 간격이 좋다.

재배 관리하기
7월 말 전후, 꽃이 피면 비닐 피복을 제거한 뒤 꽃까지 흙으로 덮어 북주기를 한다. 꽃이 또 피면 다시 북주기한다.

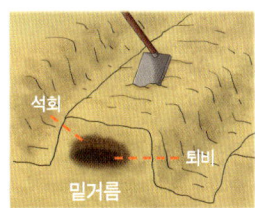

비료 준비하기
파종 10~20일 전에 퇴비를 주고 밭을 깊게 간 뒤 석회를 추가하여 얕게 갈고 밭두둑을 만든다. 북주기할 때 석회 비료를 추가한다.

수확하기
9월 말~10월 중순 사이에 잎이 노랗게 변할 때 수확한다. 뿌리를 캐면 뿌리에 달려 있는 땅콩 열매가 보인다.

그 외 파종 정보 & 병충해
화분으로 땅콩을 키울 경우 땅콩 껍질이 있는 상태로 보관했다가 이듬해 봄 파종 전에 껍질을 까고 밤새 물에 담가 두었다가 깊은 화분에 파종하는데, 석회질 비료를 추가하지 않는 한 땅콩이 열리지 않을 확률이 많다. 땅콩 병충해로는 갈색무늬병, 녹병, 검은무늬병과 진딧물, 나방, 뿌리혹선충 등이 있으므로 때에 맞게 방제한다.

빗자루를 만들고 별식으로 먹는
기장

벼과 한해살이풀 *Panicum miliaceum* 꽃 : 7~8월 높이 : 50~120cm

월별 재배 일지	1	2	3	4	5	6	7	8	9	10	11	12
씨뿌리기					■							
아주심기												
속아내기						■						
밑거름 & 웃거름					■	■						
수확하기								■	■			

▎기장의 꽃 이삭

　아프리카, 중앙아시아, 인도 등에서 자생하는 기장은 국내에서 밭농사로 재배하지만 재배량이 점점 줄어들고 있다. 품종은 메기장과 찰기장으로 나눈다. 약 7천 년 전부터 재배한 것으로 보이는 기장은 글루텐 함량이 밀에 비해 적기 때문에 주식으로 적당하지 않지만 자연식 내지는 건강식으로 인기 있고, 각종 시리얼의 재료로 사용한다.

1 채취한 열매
2 메기장에 비해 먹기 좋은 찰기장
3 잎
4 전초

서양에서는 돼지 사료용으로 사용하기 때문에 'Hog millet'라는 이름이 붙었다.

  줄기는 높이 50~120cm로 자라고 털이 있다. 어긋난 잎은 길이 30~50cm의 선형이고 밑 부분이 긴 엽초로 되어 있다. 엽초에는 퍼진 털이 있고 줄무늬가 있다.

  꽃은 줄기 끝과 윗부분 잎겨드랑이에서 원뿔 모양 화서로 달린다. 꽃이삭의 전체 길이는 15~40cm이며 고개를 숙이고 자라는 경향이 있다.

  기장의 쓰임새는 예전 같지 않지만, 예를 들어 도시에서 조경 공사를 할 때 농촌 풍경을 표현할 때 유용할 것으로 보인다. 최근엔 도시 조경에서 보리 따위를 심어 예스러운 풍취를 만드는 경우가 많은데 이런 경우 기장을 심어 볼 만하다. 또한 열매를 탈곡한 뒤에는 빗자루를 만들 수 있다.

식용 방법
자연식이나 선식을 겸해 기장밥을 지어 먹거나 기장죽을 끓여 먹는다. 종자 분말은 옥수수 전분처럼 식용하는데 밀가루와 섞어 빵, 파스타, 과자를 만들면 소화력을 높일 수 있다. 글루텐이 없으므로 글루텐 알레르기를 가진 사람이나 밀가루 음식을 소화하지 못하고 설사를 하는 소화지방병증 환자용 먹거리를 만들면 특히 좋다.

약용 및 효능
종자는 보신, 해수, 위통, 가슴이 답답하고 목이 마르는 증세, 어린 아이의 입 안 염증, 임신부의 혈뇨에 효능이 있고 뿌리도 혈뇨에 효능이 있다. 잎은 이뇨, 수종에 사용하고 줄기는 가슴이 답답하고 호흡이 곤란한 증세, 임신부가 여주를 먹고 독성으로 인해 병에 걸렸을 때 달여 먹는다.

재배 환경
용기 재배
수경(양액) 재배
베란다 텃밭
노지(옥상) 텃밭

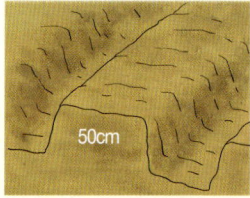
토양 준비하기
토양을 가리지 않고 잘 자란다. 이랑 너비는 50cm로 준비한다. 병충해 방지를 위해 비닐 피복 재배를 권장한다.

씨앗으로 재배하기
5월 중순~6월 상순에 먹기 좋은 찰기장 품종을 파종한다. 텃밭에 1줄로 골을 내고 줄뿌림으로 파종한다.

모종으로 재배하기
냉해 피해가 없는 봄에 재배하므로 모종보다는 파종을 권장한다. 2모작일 경우에는 봄 배추 수확이 끝난 배추밭에 파종한다.

재배 관리하기
잎이 몇 개 붙을 때 솎아내기를 2회 정도 하고 때때로 김매기를 한다.

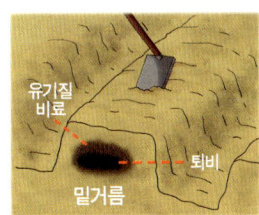

비료 준비하기
파종 10~20일 전에 밑거름으로 퇴비 등의 유기질 비료를 사용해 밭두둑을 만든다.

수확하기
파종한 뒤 80~90일 지나면 낫으로 밑동을 잘라 기장을 수확한다.

그 외 파종 정보 & 병충해
열매 안쪽에 검정색 가루가 차고 알맹이를 맺지 않는 병이 흑수병이다. 기장을 재배할 때 피복 재배를 하면 흑수병을 피할 수 있다. 기장은 열매를 새가 따 먹는 경우가 많으므로 그물 설치로 방지하는 것도 좋다.

정력에 참 좋은
귀리

벼과 한두해살이풀 *Avena sativa* 꽃 : 5~6월 높이 : 1m

월별 재배 일지	1	2	3	4	5	6	7	8	9	10	11	12
씨뿌리기			🟧	🟧				🟧			🟧	
아주심기												
김매기												
밑거름 & 웃거름			🟨	🟨			🟨					
수확하기						🟦	🟦				🟦	

꽃

　북유럽과 아시아에서 자생하는 귀리는 '오트밀'이라는 죽 요리로 유명한 식물이다. 가축 사료용으로도 안성맞춤이기 때문에 말, 개, 닭, 고양이의 사료용으로 흔히 재배한다. 요즘은 아파트 가정에서 토

끼 따위를 기르며 토끼에게 먹이기 위해 수경 재배로 귀리를 키우는 경우도 더러 있다. 귀리는 영어로 'Oat'라고 불리고, 고양이가 잘 먹기 때문에 고양이풀이라는 별명이 있다. 귀리를 인간이 재배하기 시작한 것은 청동기 시대부터이고, 우리나라에 귀리가 들어온 것은 원나라가 말을 제주도에서 키울 때부터이다.

귀리의 줄기는 높이 1m 정도로 자라고 잎은 길이 15~30㎝ 내외, 긴 줄 모양이고 줄기 하단에는 긴 엽초가 있다. 꽃은 5~6월에 원뿔 모양 화서로 달리고 전체 화서의 길이는 20~30cm, 낚시 찌 모양의 낟알이 돌려나기로 달리기 때문에 쉽게 알아볼 수 있다.

역사적으로 볼 때 귀리는 인간의 주식이 될

탈곡한 식용귀리

알곡류와 벼과 식물 텃밭 작물 245

1 전초
2 어린 모종

수 없는 보조 작물에 불과했는데 이는 밀이나 보리 따위의 더 쉽게 재배하고 더 맛있는 곡식 때문이었다. 사료용과 맥주용으로 재배된 귀리가 최근 들어 사람들의 식생활과 가까워졌는데 이는 밀이나 보리에 비해 칼로리가 적고 이 때문에 다이어트 식품으로 적당하기 때문이었다. 게다가 갖은 영양 성분을 함유하고 있어 사람들은 귀리를 건강식이라고 인식하기 시작했다.

 귀리는 수많은 품종이 있기 때문에 파종 시기가 매우 복잡하다. 더구나 국내에서의 귀리 농사는 사료용이나 녹비용인 경우가 많기 때문에 곡식 수확보다는 잎의 수확이 우선이다. 만일 사료용이 목적이라면 춘파(봄 파종), 하파(여름 파종) 품종에서 사료용 귀리 종자를 구입해 파종하고, 곡식 수확이 목적이라면 하파, 추파(가을 파종) 품종 중에서 식용용 귀리 품종을 구입한 뒤 월동 가능한 지역에 파종 후 이듬해 수확한다.

 참고로, 세계적으로도 귀리 농사는 5%만 식용용이고 95%는 사료나 녹비용으로 사용된다.

식용 방법
쌀귀리 품종을 식용한다. 쌀과 귀리를 섞어 밥을 지으면 밥맛이 고소해진다. 발아한 새순은 새싹 채소처럼 샐러드로 먹는다. 압착된 쌀귀리를 끓여 오트밀 죽으로 먹는다. 각종 빵, 과자, 시리얼을 만들면 글루텐이 없기 때문에 쫄깃한 맛은 없지만 밀가루 음식을 소화하지 못하는 사람들에게 안성맞춤이다. 맥주나 위스키 제조에 사용하기도 한다.

약용 및 효능
종자는 병후 쇠약한 체질 개선, 각종 경련, 심장, 이뇨, 해열, 우울증, 만성신경통에 효능이 있고 출산 후 영양보충제로 사용할 수 있다. 또한 피부염, 건조한 피부, 사마귀 등에 종자를 찜질팩으로 만들어 사용한다. 귀리 추출물은 흡연을 억제하는 효능이 있으므로 금연 보조약으로 사용하고 전초로 만든 팅크제는 아편중독 치료에 효능이 있다. 오트밀 죽은 정력에 좋다.

재배 환경
용기 재배
수경(양액) 재배
베란다 텃밭
노지(옥상) 텃밭

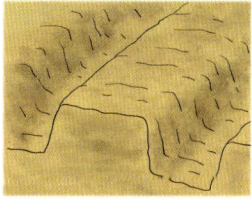
토양 준비하기
토양을 가리지 않으나 비옥한 토양을 권장한다. 고랑을 얇게 파고 이랑에 파종한다. 대규모 재배의 경우 이랑이 아닌 고랑에 파종하고 흙을 덮는다. 이랑 너비는 상관없다.

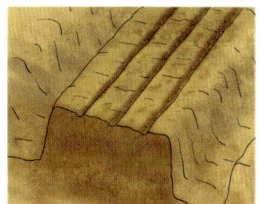
씨앗으로 재배하기
춘파형 종자는 3~4월에, 하파형 종자는 8월 중하순에 파종한다. 월동 가능 지역에서는 11월 중순 전후에도 파종한다. 재식 간격은 20cmx5cm 정도를 유지하여 골을 낸 뒤 줄뿌림, 4cm 깊이로 파종하고 흙을 덮는다.

목적에 따라 식용 귀리나 사료 귀리 종자를 선택한다.

귀리 품종 선택하기
귀리는 잎을 사료용으로 사용하는 품종과 낱알을 사람이 식용할 수 있는 쌀귀리 품종이 있으므로 목적하는 종자로 파종한다.

재배 관리하기
사료용 귀리는 솎아낼 필요가 없지만 식용용 귀리는 때때로 솎아내는 것이 좋다.

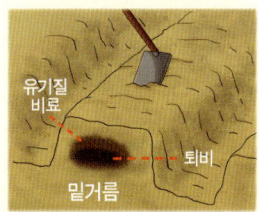

유기질 비료 퇴비 밑거름

비료 준비하기
파종 10~20일 전 밑거름으로 퇴비 등의 유기질 비료를 주고 밭두둑을 만든다.

수확하기
사료용 잎은 품종과 파종 시기에 따라 파종 후 80~110일 전후에 수확한다. 식용용 쌀귀리를 파종한 경우 이삭이 나온 후 45일 전후에 곡식을 수확한다.

그 외 파종 정보 & 병충해
식용용의 쌀귀리는 보리 농사와 비슷하게 늦가을(11월 중순 전후)에 파종한 뒤 이듬해 6~7월경 수확하는데 봄에 파종하는 귀리에 비해 수확 시기가 조금 빠르다. 귀리는 원종 자체가 추위에 약하므로 월동 가능한 지역을 파악하는 것이 좋은데 일반적으로 대전 이남의 전라도, 경상남도, 제주도에서 월동용 쌀귀리를 재배할 수 있다.

수수떡으로 즐길 수 있는
#

벼과 한해/여러해살이풀 *Sorghum bicolor* 꽃 : 8월   높이 : 2~4m

월별 재배 일지	1	2	3	4	5	6	7	8	9	10	11	12
씨뿌리기				■	■							
아주심기												
김매기						■	■					
밑거름 & 웃거름			■									
수확하기									■	■		

수수

　수수의 줄기는 높이 2m 내외로 자라고 어긋난 잎은 옥수수 잎을 닮았다. 잎의 길이는 50~60cm 내외, 가운데에 흰 줄이 있다. 8월에 피는 꽃은 원추화서이고 자잘한 꽃들이 반윤생으로 무리지어 달린

1 전초
2 채취한 열매
3 잎
4 찰수수

다. 암꽃은 도란상 타원형이고 수꽃은 하나의 대에 1~2개씩 달린다. 열매는 9~11월에 둥근 모양으로 달리는데 마치 작은 구슬 수백 개를 제멋대로 뭉쳐 놓은 모양이다. 각각의 열매 지름이 3~4mm 내외인 이 작은 열매를 수수라고 부른다.

  수수의 원산지는 정확하지 않은데 대개 북아프리카에서 전세계에 전래된 것으로 보고 있다. 원종은 한해살이풀이지만 개량종은 여러해살이풀인 경우도 있다. 미약하게 독성이 있는 수수는 아프리카에서는 매우 중요한 식량 작물이었다. 아프리카 원주민들은 수수 가루로 팬케이크를 만들어 주식으로 먹었고 중국에서도 한동안은 밀가루를 대체하는 주요한 식량 자원이었다.

  수수의 독성 성분은 미성숙 상태에서 약간 시들어진 잎에 몰려 있다. 이 독성은 청산가리 성분과 환각 증세를 유발하는 호데닌 성분인데, 수확한 뒤 건조시키면 독성이 사라지기 때문에 동물 사료용으로 사용할 수 있다. 이들 성분은 식물 전체에 미약하게 잔류하기 때문에 민감한 체질을 가진 사람은 수수떡을 과다 식용하면 배탈이 날 수 있다.

식용 방법
수수 종자는 날것으로 먹거나 조리해서 먹는다. 수수 가루는 밀가루 대용으로 딱 좋기 때문에 빵을 만들거나 우리나라의 경우처럼 수수떡을 만든다. 수수 수액은 사탕수수 수액처럼 달콤하기 때문에 시럽을 만든다. 수수 줄기는 조리해서 먹을 수 있지만 줄기에 잎이 붙어 있을 경우에는 주의해야 한다. 수수 싹은 새싹 채소처럼 샐러드로 먹을 수 있다.

약용 및 효능
종자 100g당 전분 76%, 단백질 10g, 지방 3.7g, 탄수화물 73g, 섬유 2.2g, 회분 1.5g, 인 240mg, 철 3.8mg, 티아민 0.3mg, 리보플라빈 0.18mg, 니아신 4mg이 함유되어 있고 칼로리는 약 340칼로리이다.
종자를 달여 복용하면 비뇨기 계통과 각종 지혈에 효능이 있다.

재배 환경
용기 재배
수경(양액) 재배
베란다 텃밭
노지(옥상) 텃밭

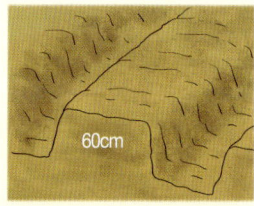
토양 준비하기
토양을 가리지 않고 잘 자란다. 이랑 너비는 60cm로 준비한다. 1~2m 높이의 지주대가 필요하다.

씨앗으로 재배하기
4월 중순~5월 중순 사이에 한 구멍에 3~4립씩 파종한다. 4월 초에 파종할 경우 비닐 피복 재배를 권장한다.

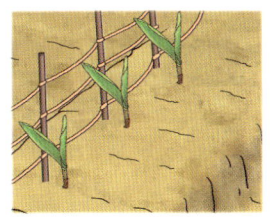

모종으로 재배하기
모종보다는 파종을 권장한다. 재식 간격은 40x20cm가 좋다. 일정 크기로 성장하면 지주대와 끈으로 쓰러지지 않도록 설치한다.

재배 관리하기
수분을 별도로 주지 않는다. 성장 초기에 다닥다닥 붙어 자라는 경우 속아내거나 옆으로 옮겨 심고, 잡초를 미리 미리 제거한다.

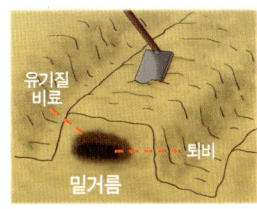

유기질 비료 / 퇴비 / 밑거름

비료 준비하기
파종 10~20일 전에 밑거름으로 퇴비 등의 유기질 비료를 사용해 밭두둑을 만든다. 발아한 1개월 뒤에 추가 비료를 준다.

수확하기
4월 말에 파종한 경우 9월 말~10월 초에 낫으로 밑둥을 잘라내 수수를 수확한다. 수확한 수수를 잘 건조시킨다.

그 외 파종 정보 & 병충해
종자 소독 된 종자를 구입해 파종하면 초기 병충해를 방지할 수 있다. 키우는 동안 병충해가 간혹 발생하긴 하지만 심하지 않다. 오히려 잡초에게 양분을 빼앗기고 시들어가는 경우가 많으므로 성장 초기에 잡초를 완벽히 제압하고 제압이 불가능하면 제초제로 잡초를 잡는다.

세계에서 두 번째로 많이 재배하는
조(좁쌀)

벼과 한해살이풀 *Sesamum indicum* 꽃 : 8~9월 높이 : 1.2~1.5m

월별 재배 일지	1	2	3	4	5	6	7	8	9	10	11	12
씨뿌리기					■							
솎아내기						■	■					
김매기 & 북주기						■	■					
밑거름 & 웃거름				■	■	■	■					
수확하기									■	■		

열매

　오곡밥을 지을 때 수수, 팥, 콩, 쌀과 함께 빼 놓을 수 없는 곡식인 조는 중국의 북부 지역에서 약 6천 년 전부터 재배해 왔다. 이 때문에 조의 원산지에 대해서는 정확하게 알려진 내용이 없는데 대부분의

1 전초
2 잎
3 꽃

식물학자들이 조의 원산지를 중국, 인도, 한국으로 추정하고 있다. 영어로 Foxtail millet이라고 불리는 조는 BC 2천 년 전후에 유럽에 전래되면서 유럽인들의 중요한 식량 자원으로 탄생을 한다.

지금의 조는 옥수수 다음으로 중요한 작물로서 곡식 중에는 전 세계에서 두 번째로 많이 재배하는 작물이다. 매년 압도적인 양으로 출하되는 조는 대부분이 가축 사료용으로 사용

조

되고 있고, 약 7%는 닭이나 메추라기 같은 가금류의 모이용으로 활발히 소비되고 있다.

아주 오랜 옛날부터 조는 가난한 사람들의 주식이라는 별명이 붙을 정도로 사람들의 소비량이 많았는데, 예를 들면 경제 기반이 취약했던 중국 북부 지역과 인도, 이집트 등지에서 조를 밥처럼 식용하였다. 최근에는 건강식 붐이 불면서 조를 먹는 사람들의 숫자가 다시 늘어나고 있는 추세이다.

조의 줄기는 높이 1.2~1.5m 내외로 자라고 피침형의 잎은 옥수수 잎과 닮았다. 자잘한 꽃은 8~9월에 줄기 끝에서 원추화서로 모여 달리고, 열매는 9~10월에 황색의 둥근 모양으로 달린다. 각각의 종자는 지름 2mm 정도이지만 품종에 따라 종자 색상과 크기가 조금씩 다르다.

식용 방법
쌀에 넣어 조밥(좁쌀밥)을 지어 먹는다. 조 분말은 죽이나 케이크를 만들어 먹는다. 인도는 조 분말로 만드는 음식이 발달해 있고, 동유럽은 조로 만든 빵과 알코올 음료가 발달해 있다. 우리 입맛에는 매끼니 조밥을 먹는 것보다는 믹서로 갈아낸 뒤 여러 가지 죽 요리에 혼합해 먹는 것이 안성맞춤이다. 조의 싹은 새싹 채소처럼 먹는다.

약용 및 효능
100g당 단백질 10.7g, 지방 3.3g, 탄수화물 84.2g, 섬유 1.4g, 회분 1.8g, 인 275mg, 철 6.2mg, 칼륨 281mg, 티아민 0.48mg, 리보플라빈 0.14mg, 니아신 2.48mg이 함유되어 있고 칼로리는 380칼로리이다. 한방에서는 소화, 이뇨, 해열, 해독, 건위, 당뇨에 종자를 달여 먹거나 죽으로 쑤어 먹는다. 녹색 종자는 특히 정력에 좋으므로 죽으로 쑤어 먹을 만하다. 또한 조를 발효시켜 복용하면 항문탈출 증세에 효능이 있다.

재배 환경
용기 재배
수경(양액) 재배
베란다 텃밭
노지(옥상) 텃밭

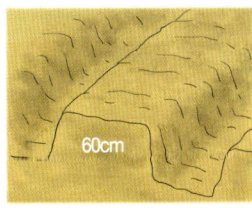
토양 준비하기
토양을 가리지 않고 잘 자란다. 이랑 너비는 60cm로 준비한 뒤 이랑에 파종한다. 대규모 재배의 경우 고랑에 파종한다.

씨앗으로 재배하기
봄 조는 5월에 심는다. 2모작의 보리를 수확한 밭에 심는 조는 6월 중순~7월 초순에 심는다. 한 구멍에 4~5립씩 3~5cm 깊이로 파종한다.

모종으로 재배하기
모종보다는 파종을 권장한다. 모종으로 재배할 경우 재식 간격은 30x30cm 정도로 한다.

재배 관리하기
발아를 하면 1~2주 후부터 구멍당 1~2포기만 남기고 솎아낸다. 시기를 보아 가며 솎아내기 작업을 2차례 정도 더 한다. 솎아내기를 할 때 김매기와 북주기도 같이 병행한다.

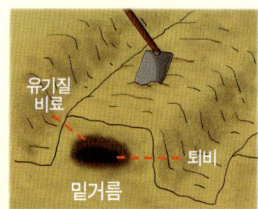

비료 준비하기
밭두둑을 갈아 만들 때 밑거름으로 퇴비 등의 유기질 비료를 사용한다. 잎이 7~8장일 때부터 이삭이 나기 전(8월 초순 전후) 사이에 웃거름을 추가한다.

수확하기
9월~10월 초순 사이에 잎과 줄기가 황색으로 변하면 낟곡이 달려 있는 줄기를 낫으로 잘라 수확한 뒤 공중에 매달아 3~4일 햇볕에 건조시킨 뒤 탈곡한다.

그 외 파종 정보 & 병충해
조는 종자를 소금물에 띄워서 떠 있는 종자는 버리고 가라앉은 충실한 종자를 세척한 뒤 잘 말리고 파종한다. 병충해는 별로 없지만 조백발병(粟白髮病)이 발생할 수도 있으므로 베노람으로 종자 소독을 하고 파종한다.

율무차로 마시는
율무

벼과 한해살이풀 *Coix lacrymajobi* 꽃 : 7월 높이 : 1.5m

월별 재배 일지	1	2	3	4	5	6	7	8	9	10	11	12
씨뿌리기				■								
아주심기												
솎아내기						■	■	■				
밑거름 & 웃거름			■			■	■					
수확하기							■	■	■	■		

꽃

　동남아시아와 중국 열대 지방 원산인 율무는 쌀이나 옥수수를 키우지 못하는 곳에서 키우는 농작물이다. 국내에서는 율무차, 뻥튀기, 죽으로 먹는 인기 농작물로서 옥수수를 제외한 곡물류 중에서 종자의 크기가 큰 편이다.

 율무의 줄기는 높이 1~1.5m 내외로 자라고 잔가지가 많이 갈라진다. 어긋난 잎은 대나무 잎을 길게 잡아당긴 모양과 비슷하고 가뭄이 들면 조금씩 휘어 자라는 경향이 있다.

 꽃은 잎겨드랑이에서 긴 꽃자루가 나온 뒤 꽃자루 끝에 여러 개씩 달린다. 꽃은 수꽃이삭과 암꽃이삭이 같이 붙는데 수꽃이삭은 상단부에, 두툼한 형태의 암꽃이삭은 하단부에 붙는다. 수꽃이삭에는 꽃이 2개씩 달리고 수술은 3개, 암꽃이삭에는 3개의 암꽃이 달린다.

 율무는 열대 지방 원산이기 때문에 국내 기온에서는 북부를 제외한 중남부 지방에서 재배할 수 있다. 그러나 여러 가지 변종이 많고 이 중 몇몇 변종들은 히말라야의 고산 지대에서도 재배할 수 있다.

1 전초
2 수꽃과 영글기 전의 암꽃
3 잎
4 도정된 율무

 율무의 변종 중 하나인 '염주'는 전체적으로 율무와 비슷하지만 열매에 세로줄이 있는 율무와 달리 세로줄이 없으므로 쉽게 구분할 수 있다. 염주는 종자 모양이 율무와 달리 거의 난형에 가깝기 때문에 종자로 염주알을 만들 수 있다.
 우리나라에서는 율무와 염주 둘 다 재배하는데, 염주 역시 율무처럼 식용할 수 있고 약용 및 효능도 율무와 같다.

식용 방법
종자를 분말로 만들어 율무차로 마신다. 중국은 율무 가루로 우리의 식혜와 비슷한 이미쉐이(薏米水)라는 음료를 만들어 먹는다. 일본은 율무 가루가 함유된 건강 음식 Hatomugi류가 판매되고 있다. 동남아시아에서는 율무 가루로 달콤한 수프나 두유를 만들어 먹는다. 또한 아시아 각국이 율무로 증류주나 식초를 만들어 먹는다. 대부분 율무 가루에 설탕을 가미해 섭취하는 방식이다.

약용 및 효능
일반적으로 율무 종자와 뿌리를 9g 이상 달여서 복용한다. 해열, 배농, 설사, 수종, 백대에 효능이 있고 오줌이 탁한 증세, 배가 아픈 증세, 근육과 힘줄이 아픈 증세, 관절이 아픈 증세에 효능이 있을 뿐만 아니라 비장을 튼튼히 하는 효능도 있다. 그 외에 암 예방, 노화 방지에도 효능이 있다.

재배 환경
용기 재배
수경(양액) 재배
베란다 텃밭
노지(옥상) 텃밭

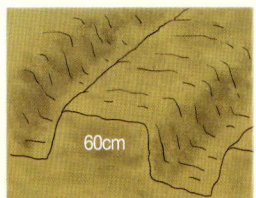
토양 준비하기
토양을 가리지 않으나 점토질 토양을 좋아한다. 이랑 너비는 60cm로 준비한다.

씨앗으로 재배하기
4월 하순(중부)~5월 중순(남부) 사이가 파종 최적기이다. 점뿌림이나 줄뿌림으로 2~3립씩 파종한다. 파종 전 베노람 수화제 희석액에 6시간 이상 침전 소독시킨 뒤 파종한다.

모종으로 재배하기
모종보다는 파종을 권장한다. 재식 간격은 20cm 간격으로 한다.

재배 관리하기
잎이 4~5매일 때 10~20cm 간격이 되도록 솎아 준다. 가급적 한 구멍당 1포기의 율무만 키운다.

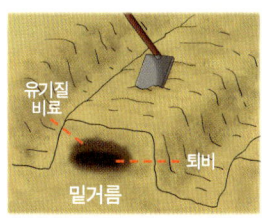

비료 준비하기
파종 10~20일 전 밑거름으로 퇴비 등의 유기질 비료를 주고 밭을 갈아엎어 밭두둑을 만든다. 웃거름은 필요한 경우 추가한다.

수확하기
10월경에 잎이 노랗게 물들고 열매가 80% 이상 진해질 때 수확한다.

그 외 파종 정보 & 병충해
종자를 베노람 300배 액에 6~24시간 담갔다가 파종하면 기본적인 병해를 예방할 수 있다. 해충은 장마철 전후와 8월에 발생하므로 방제를 한다.

메밀국수와 메밀전으로 유명한
메밀

마디풀과 한해살이풀 *Fagopyrum esculentum* 꽃 : 7~10월 높이 : 1.5m

월별 재배 일지	1	2	3	4	5	6	7	8	9	10	11	12
씨뿌리기				■	■		■	■				
솎아내기					■	■	■	■				
북주기 & 김매기					■	■		■	■			
밑거름 & 웃거름				■	■	■		■	■	■		
수확하기							■	■		■	■	

꽃

　중앙아시아 원산의 메밀은 우리에게 메밀국수, 메밀묵, 메밀전으로도 친숙한 식물이다. 강원도 고랭지 식물로 알려져 있지만 도시의 가정집에서도 키울 수 있을 정도로 공해에 구애받지 않고 잘 자란다.

잎

　메밀의 조상은 야생종인 F. esculentum SSP. ancestrale종과 F. homotropicum종으로 추정하고 있다. 인간이 재배를 시작한 것은 약 8천 년 전으로 보이며 초기에는 동남아시아 일원에서 재배하였으나 가 약 6천 년 전 동유럽의 발칸반도로 진출하였다.
　이 때문에 메밀과는 관련 없어 보이는 러시아가 현대에 와서는 메밀의 최대 생산국이 되었고 러시아와 해마다 1위 자리를 다투는 중국은 2번째 생산국, 프랑스, 폴란드, 미국 등은 그 뒤를 잇고 있다.
　러시아의 400분의 1, 일본의 20분의 1 수준으로 메밀을 생산하는 우리나라는 점점 국산 메밀 값이 오르고 있고 이 때문에 재배지인 정선 아니면 국산 메밀을 구할 수 없는 상황이 되었다. 우리 국민들의 메밀 소비량을 볼 때 국산 메밀은 희소성면에서 높은 가격을 받을 수

전초

1 깐 메밀
2 화분 용기로 키우는 메밀

있으니 국산 메밀을 먹는다는 생각으로 텃밭 작물로 키워 볼 만하다. 한술 더 떠 메밀은 서울 도심의 가정집에서도 잘 자랄 정도로 공해에도 강한 편이다.

  메밀의 줄기는 마디가 나 있고 높이 1.5m 내외로 자란다. 언뜻 보면 덩굴 식물처럼 제멋대로 자라는 경향이 있지만 덩굴 식물은 아니다. 어긋난 잎은 삼각꼴이고 길이 3~10cm 내외이다.

  꽃은 잎겨드랑이와 줄기 끝에서 흰색으로 개화하는데 꽃잎은 5장, 암술대는 3개이다. 10월이면 성숙하는 열매는 길이 5~6mm 정도이고 세모진 모양이다. 메밀은 추운 지방에서 자라는 북방계 식물이지만 남해안의 청산도에서도 보일 정도로 우리나라 전국에서 잘 자라는 편이다.

식용 방법
볶은 메밀을 메밀차로 마시면 구수한 아로마 향이 일품이다. 메밀 가루는 메밀국수, 메밀전, 메밀묵, 메밀죽을 쑤어 먹는다. 러시아, 프랑스, 미국은 메밀을 수프, 빵, 팬케이크 형태로 소비하는데 특히 Kasha라는 오트밀죽 형태로 많이 소비한다. 한국, 중국, 일본은 메밀을 국수 형태로, 이탈리아는 파스타 형태로 소비한다. 메밀 잎은 시금치처럼 조리해 먹는다.

약용 및 효능
메밀의 종자와 잎에는 혈액순환, 고혈압, 노화방지에 좋은 루틴 성분이 매우 높은 수준으로 함유되어 있다. 그 외에 통풍, 동상, 모유 촉진, 망막출혈 같은 안과 질환, 습진, 간 질환에 효능이 있고, 다리가 자주 붓고 무거운 만성 정맥부전에도 효능이 있다. 메밀에 함유된 D-chiro-inositol 성분은 당뇨에 효능이 있다. 일반적으로 종자 분말을 환 모양의 알약으로 만든 뒤 약용한다.

재배 환경
- 용기 재배
- 수경(양액) 재배
- 베란다 텃밭
- 노지(옥상) 텃밭

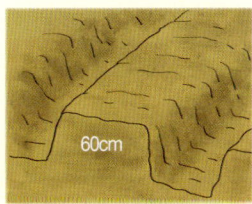
토양 준비하기
토양을 가리지 않고 잘 자란다. 이랑 너비는 60cm로 준비한다.

씨앗으로 재배하기
봄 메밀은 4월 중순~5월 중순에 2~5cm 깊이의 줄뿌림으로 파종한다. 가을 메밀은 7월 중순~8월 상순에 역시 줄뿌림으로 파종한다.

모종으로 재배하기
모종보다는 파종을 권장한다. 재식 간격은 대략 20cm 간격이 되도록 한다.

재배 관리하기
5월 중순경에 메밀 잎이 몇 개 붙을 때부터 꽃이 피기 전까지 2~3차례 솎아내고 북주기를 해준다.

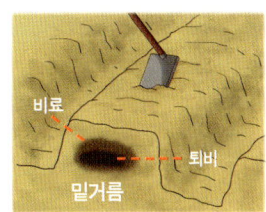

비료 준비하기
밑거름으로 퇴비+비료를 혼합해 소량 사용하고 밭 두둑을 만든다. 파종 한 달 뒤 추가 비료를 소량 사용한다.

수확하기
파종 후 평균 70~80일 전후에 수확한다. 열매가 검정색으로 70~80% 익었을 때가 수확 적기이다.

그 외 파종 정보 & 병충해
종자 1kg당 베노람 4g을 물기 없이 묻혀 파종하면 초기에 고사되는 현상을 막아준다. 파종 후에는 밭을 얇게 긁어 엎어 덮어준다. 반점병과 진딧물 등이 발생하면 상황에 맞게 약제로 방제한다.

과일·채소 텃밭 작물

수박
참외
토마토 & 방울토마토
포도
딸기
옥수수

체내 방사능 배출에 좋은
수박

박과 한해살이풀 *Citrullus lanatus* 꽃 : 5~6월 길이 : 2m

월별 재배 일지	1	2	3	4	5	6	7	8	9	10	11	12
씨뿌리기				■	■	■	■					
아주심기					■	■						
순자르기					■	■	■	■				
밑거름 & 웃거름				■	■	■	■	■				
수확하기								■	■	■	■	

꽃

아프리카 동서부에서 자생하는 야생수박(Citrullus colocynthis)에서 기원된 수박은 기원전 2000년경 이집트 일대에서 인간에 의해 재

배되었다. 이집트의 수박은 10세기경 중국으로 전래되었고 유럽에는 13세기경 전파되었다. 신대륙에 수박이 상륙한 것은 17세기경으로 대부분 흑인 노예들이 가져온 씨앗에 의해서이다.

 수박을 재배하는 국가는 지구상에 별로 없는데 최대 생산국은 중국이고, 중국 다음으로는 터키, 이란, 이집트, 미국, 브라질이 우리나라의 2~6배에 해당하는 수박을 해마다 출하하고 있다.

 그 외에 이탈리아, 스페인, 러시아는 우리나라와 비슷한 수준의 출하량을 가지고 있는데 이 가운데 맛있기로 소문난 수박은 우리나라 수박과 터키 수박이 있다.

 수박은 줄기가 호박 줄기처럼 땅을 기며 자란다. 잎은 길이 10~18cm 내외이고 잎자루가 있다. 호박 잎과 달리 잎의 가장자리가 3~4개로 깊게 갈라지므로 잎을 보면 수박 덩굴임을 알 수 있다.

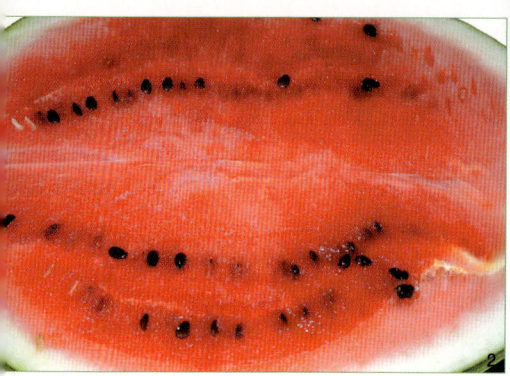

1 모종
2 열매의 속살
3 전초

　열매는 둥글고, 열매 속 과육은 보통 붉은색이지만 품종에 따라 흰색이거나 황색인 경우도 있다. 열매 속의 수박 씨앗의 개수는 평균 500개 내외이다.
　5~6월에 피는 수박 꽃은 호박 꽃과 비슷하지만 꽃의 크기가 호박꽃에 비해 작다. 꽃의 지름은 3.5cm 정도이고 끝 부분이 5개로 갈라진다. 수꽃과 암꽃이 따로 있는데 수술은 3개, 암술은 1개이고 암술머리가 3개로 갈라진다.

식용 방법
과육을 생으로 먹거나 화채로 먹을 수 있고 주스를 만들 수 있다. 덜 성숙한 과일은 수프 같은 국물 요리를 만든다. 어린잎은 조리해 먹는다. 열매 껍데기는 데친 뒤 볶아서 먹거나 무쳐서 먹는다. 씨앗은 독성이 있으므로 식용을 피하는 것이 좋으며 특히 발아씨앗은 독성이 더 심하다.

약용 및 효능
과육에 펙틴 성분이 풍부하므로 체내 방사능 배출에 특히 좋다. 또한 과육은 이뇨, 야뇨, 해열, 구충, 구내염에 효능이 있다. 껍질은 이뇨, 수종에 효능이 있다. 그 외에 심장, 신경안정, 신장결석 등에 좋다.

재배 환경
용기 재배
수경(양액) 재배
베란다 텃밭
노지(옥상) 텃밭

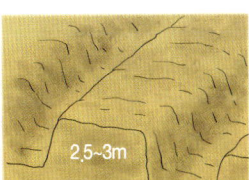
토양 준비하기
사질 양토에서 잘 자란다. 이랑 너비는 2.5~3m로 준비한다.

씨앗으로 재배하기
5~7월 중순에 모종을 정식한다고 생각하고, 정식 30일 전 트레이에 파종하고 육묘한다. 가정에서 화분으로 키울 경우 4월 중순부터 말에 파종한다.

모종으로 재배하기
육모 30일 뒤 잎이 2~3매일 때 텃밭에 아주 심는다. 포기당 재식 간격은 0.7~1m로 한다. 봄에는 부직포로 피복 재배한다.

재배 관리하기
아주 심은 뒤 10여 일 지나 잎줄기가 5~6장일 때 원줄기를 순지르고, 곁가지의 아들 줄기 중 상태 좋은 2~3개 정도만 남기고 나머지 줄기는 잘라낸다. 각각의 아들 줄기가 계속 자라 꽃이 달리면 그곳에 열매가 생긴다. 이때 아들 줄기 하나당 열매 하나만 키우고 꽃이나 열매가 추가로 생기면 모두 순지르기하여 열매에 영양분이 가도록 한다.

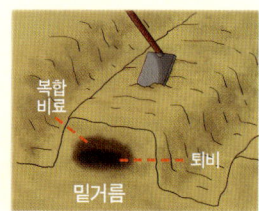

비료 준비하기
텃밭에 아주 심기 전 밑거름으로 퇴비+복합비료를 충분히 주고 밭두둑을 만든다. 웃거름은 아주 심은 30일 뒤 1차, 다시 30일 뒤 2차를 준다.

수확하기
꽃이 핀 뒤 40~50일 지난 전후에 열매를 수확한다. 꼭지 부분을 가위로 잘라 수확하면 된다.

그 외 파종 정보 & 병충해
초기의 병충해를 막기 위해 소독된(소독필) 종자를 구입해 파종한다. 파종 전 물에 3~4시간 동안 침종한다. 수박은 어미 줄기가 아닌 아들 줄기에서 열매가 열리므로 2~3개의 아들 줄기를 중점적으로 키우고 새로 올라오는 줄기는 초기에 순치기한다. 용기 재배시 줄기가 15마디 이상 뻗도록 1~2m 넓이의 용기를 사용한다.

거름을 참 많이 먹는
참외

박과 한해살이풀 *Cucumis melo* 꽃 : 6~7월 길이 : 2m

월별 재배 일지	1	2	3	4	5	6	7	8	9	10	11	12
씨뿌리기			■									
아주심기				■								
순자르기					■	■						
밑거름 & 웃거름			■									
수확하기						■	■					

꽃

　　멜론은 종류가 매우 다양하기 때문에 분포 영역도 광활하고 정확한 조상이 누군지는 알려진 내용이 없다. 약 2천 년 전의 멜론은 아프리

1 전초
2 열매
3 어린 열매
4 잎
5 모종

카 열대~페르시아~인도 사이에 분포하고 있었는데 이중 인도 동부에서 형질 변화가 이루어진 멜론이 지금의 참외 조상으로 추정된다. 흔히 페르시아~인도에 분포했다가 형질 변화가 이루어진 멜론이 지금의 참외를 포함한 동양계 멜론이고, 아프리카 열대~페르시아 사이

4 5

에 분포했다가 형질 변화가 이루어진 것은 지금의 서양계 멜론이라고 한다.

  동양계 멜론도 과피 색상에 따라 녹색 계열, 노란색 계열, 붉은색 계열 멜론으로 나누어지고, 무늬가 없는 것과 무늬가 있는 것으로도 나누어진다. 이 중 노란색 계열에 흰색 세로 무늬가 선명한 멜론이 우리나라의 참외이다.

  우리나라와 달리 동남아시아 일대는 개구리참외와 비슷한 녹색 계통의 무늬가 있는 품종을 즐겨 먹고, 일본은 녹색 계통의 무늬가 없는 품종을 먹다가 지금은 멜론에 밀려 아예 자취를 감추어 버렸다. 참외는 유독 우리나라에서 많이 볼 수 있기 때문에 '코리아 멜론'이라고도 불린다.

  참외의 줄기는 다른 박과 식물과 마찬가지로 덩굴성이고 꽃은 6~7월에 호박 꽃과 비슷한 모양으로 핀다. 줄기의 잎겨드랑이에는 덩굴손이 있어 물체를 감아오른다. 열매는 꽃이 질 무렵인 7월 중순에 볼 수 있는데 처음에는 초록색이었다가 무늬가 생기고, 그 후 노란색으로 익는다.

식용 방법
익은 열매를 과일로 식용한다. 식후 디저트나 과일 안주를 만들어 먹는다. 화채를 만들어 먹는 경우도 있다.

약용 및 효능
열매는 습한 기온으로 발생하는 사지마비, 사지통증, 이뇨, 가슴이 답답하고 갈증이 나는 증세에 효능이 있다. 열매 꼭지는 간질, 편도선염, 인후통, 팔 다리가 부은 증세에 효능이 있다. 뿌리를 달인 액체로 씻으면 팔꿈치 등에 혹이 나는 문둥병에 효능이 있다.

> **참외 순지르기(어미줄기 → 아들줄기 → 손자줄기)**
> 참외는 손자줄기에서 열매가 열린다. 잎이 5~6장일 때 어미줄기 생장점(어미줄기 끝부분)을 순치기하여 더 이상 자라지 못하게 한다. 아들 줄기(곁가지)는 먼저 나온 아들줄기 몇 개는 순치기하고 뒤에 나온 3~4개의 아들줄기만 키운다. 아들줄기에 잎이 7~8장 붙으면 생장점을 순치기하여 손자줄기를 키운다. 손자줄기에서 올라오는 곁가지는 절반 남기고 절반 순치기 하면 튼실한 열매가 손자줄기에서 열린다.

재배 환경
용기 재배
수경(양액) 재배
베란다 텃밭
노지(옥상) 텃밭

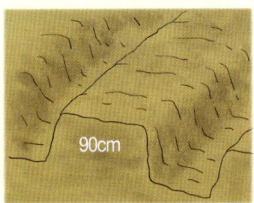
토양 준비하기
유기질 모래 찰흙에서 잘 자란다. 이랑 너비는 90cm로 준비한다. 비닐 피복 재배를 권장한다.

씨앗으로 재배하기
3월 중순 전후에 트레이에 파종한 뒤 따뜻한 곳에서 육묘한다.

모종으로 재배하기
4월 중순 전후에 육묘한 모종을 텃밭에 아주 심는다. 재식 간격은 40x40cm로 한다.

아들줄기 생장점을 순치기해야 할 위치

재배 관리하기
참외의 순지르기 방법은 앞페이지의 '팁 박스' 내용을 참조한다.

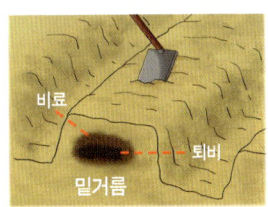

비료 준비하기
모종 정식 2주 전에 밑거름으로 퇴비를 1평당 10kg을 주고 밭두둑을 만든다. 필요하면 비료를 퇴비와 섞어서 준다.

수확하기
7월 중순 전후에 열매를 수확한다.

그 외 파종 정보 & 병충해
초기 병충해 예방을 위해 종자 소독 된 씨앗을 구입해 파종한다. 종자를 육묘하는 것보다는 모종을 구입해 심을 것을 권장한다. 비닐 피복을 하지 않은 경우에는 모종을 심은 뒤 지푸라기로 밭을 덮어준다. 참외는 거름을 많이 먹으므로 밑거름을 풍부하게 주고 열매가 생길 무렵에는 웃거름을 준다.

항암 성분이 탁월한
토마토 & 방울토마토

가지과 한해살이풀 *Lycopersicon esculentum* 꽃 : 5~6월 높이 : 1m

월별 재배 일지	1	2	3	4	5	6	7	8	9	10	11	12
씨뿌리기			▬									
아주심기					▬							
곁가지 & 순자르기					▬▬▬▬							
밑거름 & 웃거름					▬		▬	▬				
수확하기							▬▬▬					

토마토 꽃

    토마토의 원산지는 불분명하지만 대개 남미의 페루를 원산지로 보고 있다. 페루는 당시 토마토의 조상으로 추정되는 방울토마토(Lycopersicon cerasiforme)를 재배했는데 방울토마토를 재배하다가 출현한 것이 지금의 토마토이다. 이것이 기원전 500년경 멕시코

토마토 전초

와 칠레 등의 여러 나라로 전래되었고, 콜롬버스의 신대륙 발견 후에는 멕시코에서 스페인으로 전래되었다.

　스페인에 상륙한 초기의 토마토는 관상용으로 재배되었다가 17세기 전후부터 식용용으로 사용되었다. 이 후 이탈리아로 전래된 토마

1 토마토 잎
2 채취한 토마토
3 열매

토는 스페인과 이탈리아 양국에서 즐겨 먹는 열매가 되었지만 유럽 전역에 본격적으로 보급된 것은 조금 늦어진다. 토마토의 잎에는 약간의 독성 성분이 있는데 이 때문에 유럽 각국은 토마토를 독성 식물로 여긴 까닭도 있었다.

아시아에서의 토마토는 필리핀이 스페인의 토마토를 받아들이면서 널리 퍼졌고, 국내에는 임진왜란 전후에 중국을 경유해 전래되었다.

토마토의 줄기는 높이 1m 내외로 자라고 어긋난 잎은 깃꼴겹입으로서 길이 15~45m 내외, 작은 잎의 갯수는 9~19장이다. 마디 사이에서 긴 줄기가 올라온 뒤 노란색 꽃이 피고 꽃의 지름은 2cm 내외, 꽃의 끝 부분은 꽃잎처럼 여러 갈래로 갈라지고 끝 부분이 뾰족하다. 열매는 둥근 모양으로 지름이 5~10cm 정도이고 처음에는 녹색이었다가 붉은색으로 익는다. 이 열매를 토마토라고 부른다.

열대 원산지에서의 토마토는 일반적으로 여러해살이로 살지만 국내 기후에서는 한해살이풀로 취급한다. 또한 열대 지방에서는 높이 3m까지 자라지만 국내에서는 1m 내외로 자란다.

식용 방법
국내에서는 토마토를 생식하거나 과즙을 내어 먹지만 서양에서는 스튜나 수프에 고명처럼 넣어 먹는다. 토마토에 대한 정식 요리법이 개발된 곳은 스페인이며 이것이 이탈리아에서는 크게 성행하고 18세기에는 유럽 전역에서 토마토를 과일로 먹기 시작하였다. 지금의 토마토는 주스 외에 빵과 케이크의 재료가 되기도 한다. 녹색 잎은 매우 유독한 성분이 있으므로 식용하지 않는다.

약용 및 효능
토마토 열매에 함유된 리코펜 색소는 건강증진에 효과가 있고 항암 및 항산화, 전립선 장애에 탁월한 효능을 발휘하는데 리코펜 성분은 붉게 익은 토마토에 더 많이 함유되어 있다. 뿌리를 달여 먹으면 치통에 좋고 씨앗에서 추출한 오일을 피부 세척에 사용하면 좋다.

방울토마토 꽃 / 방울토마토 전초 / 방울토마토 열매 / 방울토마토 잎

재배 환경
- 용기 재배
- 수경(양액) 재배
- 베란다 텃밭
- 노지(옥상) 텃밭

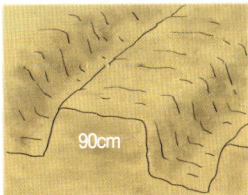

토양 준비하기
일반 토양에서도 잘 자란다. 이랑 너비는 90cm로 준비한다. 1대 1 지주대가 필요하다.

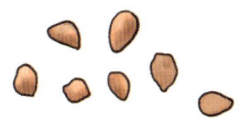

씨앗으로 재배하기
텃밭에 정식하기 2개월 전 트레이에 파종한 뒤 온상에서 육묘한다.

모종으로 재배하기

4월 말~5월 초에 본 잎이 7매 정도일 때 텃밭에 아주 심는다. 재식 간격은 50x40cm로 한다. 1대 1 지주대를 설치한다.

재배 관리하기

6월 초부터 곁가지치기를 자주 하면서 원줄기를 중심으로 키운다. 토마토 열매가 4~7단 달리면 원줄기를 순지르기한다. 토마토가 빨갛게 익으면 추가 순지르기를 하되 아래쪽 시든 잎부터 제거한다.

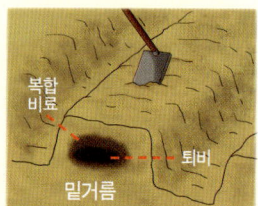

비료 준비하기

아주 심기 10일 전 밑거름으로 퇴비+복합비료를 주어 밭두둑을 만든다. 웃거름은 아주 심은 2개월 뒤부터 한 달 간격으로 준다.

수확하기

7월 중순~10월 상순 사이에 가위로 잘라 열매를 수확한다.

그 외 파종 정보 & 병충해

초기 병충해 방지를 위해 종자 소독 된 씨앗을 구입해 파종한다. 파종 전 미지근한 물에 5~10시간 담갔다가 파종하면 발아가 잘 된다. 모종으로 자라면 텃밭에 정식한 뒤 초기 3~4일 동안은 물을 충분히 관수한다. 수경 재배의 경우에는 열매가 작은 방울토마토 품종을 재배해야 관리하기 편하다.

식물 전체를 식용할 수 있는
포도

포도과 덩굴식물 *Vitis vinifera* 꽃 : 6월 높이 : 3m

월별 재배 일지	1	2	3	4	5	6	7	8	9	10	11	12
삽목하기				■								
묘목심기				■								
솎아내기 & 김매기					■							
밑거름 & 웃거름			■	■								
수확하기							■	■	■	■		

꽃

포도의 원산지는 남동유럽, 지중해, 서남아시아에 걸쳐 있다. 국내의 포도 덩굴은 길이 3m 내외이지만 원산지에서는 15m, 열대 숲에서는 35m 내외로 자란다. 인류는 약 1만 년 전인 신석기시대(기원전 8000년)에 이미 야생 포도의 존재를 알았던 것으로 보이며, 길가메

청포도 열매

1 잎
2 포도밭

시 서사시(기원전 3천 년경 점토판에 쓰여진 영웅서사시)에 포도와 와인에 대한 기록이 있는 것을 볼 때 이미 기원전 3000년경부터 포도 재배와 포도를 발효시킨 술을 마신 것으로 보인다.

그 후 포도나무는 여행자나 상인들에 의해 유럽과 중앙아시아로 전래되었는데 유럽에 전래된 포도는 훗날 유럽계 포도가 된다.

중앙아시아로 전파된 포도는 중국을 거쳐 우리나라에 전래되었지만 일반 백성들은 접할 수 없는 귀중한 과일이었다. 국내의 포도 재배는 1900년경 미국계 포도가 수입되면서 늘어났는데 미국계 포도는 우리 기후에 더 잘 맞았고 이 때문에 재배 농가가 점점 늘어난 것으로 보인다.

포도 덩굴은 길이 3m 내외로 자라고 잎과 덩굴손이 마주보고 달린다. 잎은 어긋나고 원형이고 가장자리가 3~5개로 얕게 갈라지고 잎 뒷면에 털이 발달해 있다.

6월이면 황록색의 자잘한 꽃들이 원뿔 모양 화서로 모여 피고 꽃잎은 끝 부분이 5개로 갈라지며 수술은 5개이다. 열매는 8~9월에 익고 열매 안에는 종자가 2~3개 정도 들어 있다.

식용 방법
열매를 날것으로 먹거나 건포도 형태로 먹는다. 과일즙을 짜서 주스로 마시거나 발효시켜 와인을 만들 수 있고 잼을 만들기도 한다. 어린잎은 여러 요리를 쌈처럼 감싼 뒤 구워 먹을 수 있고 어린 덩굴손은 날것으로 먹거나 조리해 먹는다. 꽃 전체를 야채처럼 식용한다. 씨앗을 압착해 얻은 오일은 정제한 뒤 식용하고 볶은 씨앗은 커피 대용으로 우려 마신다. 초봄과 초여름에 채취한 수액도 식용할 수 있지만 수액을 채취하면 식물체의 성장에 나쁜 영향을 줄 수도 있다.

약용 및 효능
몸 속 독성을 없애고 위장 질환, 간 질환, 진통, 이뇨, 결석에 효능이 있고 부족한 담즙 분비를 활성화시킨다. 건조시킨 열매는 설사, 위, 가래, 기침에 좋다. 초여름에 수확한 붉은색 잎은 달여서 염증, 외상 출혈 등에 외용하고 콜레라, 설사, 수종, 치질 모세혈관 강화 등에 약용한다. 종자는 염증, 가지는 이뇨에 효능이 있다.

재배 환경
용기 재배
수경(양액) 재배
베란다 텃밭
노지(옥상) 텃밭

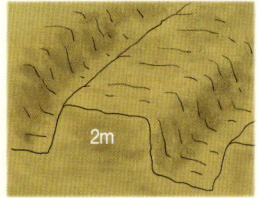
토양 준비하기
비옥한 토양에서 잘 자란다. 이랑 너비는 2m로 준비한다. 비닐 피복 재배를 권장한다.

삽목으로 재배하기
눈 2~3개를 비스듬히 절단하여 3월 말~4월에 미리 저장해 둔 삽목용 가지를 심거나 어린 묘목을 구입해 심는다. 비닐하우스가 있으면 1~2월에 하우스 안에 식재한다. 삽목용 가지는 가을에 눈이 2~3개 붙어 있는 2~3마디 길이로 비스듬히 잘라 준비한다.

묘목 심기
삽목으로 재배하는 경우 0.5~1cm 간격으로 심고 나중에 솎아낸다. 지주대와 유인줄(철사)을 설치한다.

재배 관리하기
긴 줄기는 잎이 8~9매일 때, 중간 줄기는 잎이 6~7매일 때 순지르기하고, 곁가지는 잎을 2장 남기고 순지르기한다. 포도 농장의 경우 눈따기, 송이솎기, 김매기 등의 여러 가지 재배 관리가 필요하지만 텃밭 재배라면 간단한 작업만 한다.

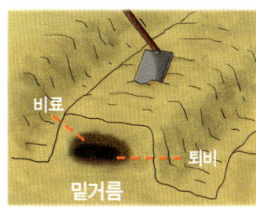
비료 준비하기
땅이 녹는 시기에 바로 삽목할 수 있도록 삽목 2~3주 전에 퇴비+비료 같은 밑거름을 충분히 주고 밭두둑을 만든다.
웃거름은 가을에 주거나 이듬해 봄 땅이 녹을 때 준다. 또한 이듬해 꽃이 피기 전이나 꽃이 진 후(5월) 추비, 열매가 알맞게 커갈 때 추비를 준다.

수확하기
삽목의 경우에 당년도에는 열매가 나지 않고 이듬해 가을부터 몇 년 동안 열매를 수확할 수 있다. 품종에 따라 이듬해 여름부터 수확이 가능한 품종도 있다.

그 외 파종 정보 & 병충해
포도 삽목용 가지는 겨울 초기 낙엽이 진 후 1년생의 싱싱한 가지(3~5개의 눈이 있는 상태의 약 50cm 길이)를 채취해 사용한다. 채취한 가지는 마르지 않도록 밀봉한 뒤 5도 기온의 냉장고에 저장한 뒤 이듬해 4월과 5월 초순 2~3개의 눈이 있는 상태로 상하를 비스듬히 자르고, 아래쪽을 발근촉진제에 12시간 담가두었다가 그늘에서 건조시킨 뒤 삽목한다.

기억력을 향상시키는
딸기

장미과 여러해살이풀　Fragaria x ananassa　꽃 : 5~6월　높이 : 30m

월별 재배 일지	1	2	3	4	5	6	7	8	9	10	11	12
육묘하기						▬	▬	▬	▬			
아주심기				▬					▬	▬		
김매기					▬					▬	▬	
밑거름 & 웃거름				▬				▬	▬			
수확하기	▬	▬	▬	▬		▬	▬					▬

꽃

　딸기의 조상은 남미에서 자생하는 야생딸기이다. 양딸기라고도 불리는 지금의 딸기는 야생종 딸기가 교잡된 것으로서 사람이 식용하기 용이하도록 열매 크기를 점점 키운 개량종들을 재배한다.

1 잎
2 줄기
3 화분에서 키우는 딸기

   개량종 딸기를 맨 처음 재배한 국가는 18세기 중엽 프랑스이다. 현재 딸기의 최대 생산국은 미국이고 우리나라는 미국의 20% 수준에 해당하는 세계 5위권의 딸기 생산국으로서 아시아에서는 가장 많이 딸기를 재배한다.

   딸기의 줄기는 꼬불꼬불한 털이 있고 긴 잎자루가 달린 잎은 뿌리에서 모여난다. 5~6월이면 지름 3cm 내외의 흰색 꽃이 취산화서로 모여 핀다. 꽃잎은 5~6개이고 꽃받침조각도 5~6개, 수술은 많다. 열매는 꽃이 질 무렵 바로 열리고 녹색에서 붉은색으로 익는다.

식용 방법
열매를 날것으로 먹거나 딸기잼으로 먹는다. 건조시킨 열매는 시리얼로 먹는다. 각종 과자, 파이, 케익, 아이스크림, 요거트 제품을 만들 수 있다. 어린잎은 샐러드로 먹거나 데친 뒤 무쳐 먹는다.

약용 및 효능
딸기 100g의 유효성분은 칼슘 13mg, 칼륨 160mg, 비타민 C 28mg, 비타민 A 26IU 외에 각종 아미노산이 함유되어 있고 칼로리는 약 30 칼로리이다. 딸기에는 Fisetin 성분이 함유되어 있는데 이 성분은 기억력 향상, 알츠하이머병, 신부전, 노화 방지에 효능이 있다.

재배 환경
용기 재배
수경(양액) 재배
베란다 텃밭
노지(옥상) 텃밭

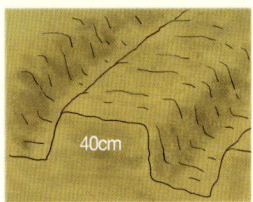
토양 준비하기
일반 토양에서 잘 자란다. 이랑 너비는 40cm로 준비한다. 비닐 피복 재배를 권장한다.

씨앗으로 재배하기
가을 재배의 경우 여름에 씨앗을 모종상자나 화분에 심어 육묘한 뒤 하우스 시설에서 재배한다. 가정에서는 일반적으로 모종을 구입해 재배하는데 실내에서 봄 재배를 해도 열매를 수확할 수 있다.

재식 간격 지키기

봄 재배는 4월에 모종을 구해서 실내에서 키우거나 4월 중순경 베란다 텃밭에 아주 심는다. 가을 재배는 9월 중순~10월 중순에 모종을 하우스 시설에 아주 심는다. 재식 간격은 30×30cm 간격이 좋다.

재배 관리하기

텃밭에서 키울 경우에는 잡초가 발생하지 않도록 김매기를 자주 한다. 기는 줄기에서 뿌리가 내리면서 새끼 포기가 생기므로, 적당히 기는 줄기를 나누어 심어서 개체를 늘려준다.

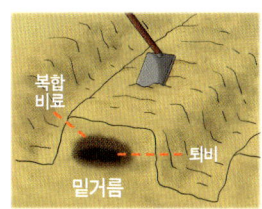

비료 준비하기

밑거름으로 퇴비+복합비료를 주어 밭두둑을 만든다.
웃거름은 8월, 3월에 준다.

수확하기

봄 재배는 초여름에 수확할 수 있다. 가을 재배는 이듬해 봄에 수확하지만 비닐하우스 딸기는 그 해 12월부터 수확할 수 있다. 열매의 80%가 빨간색으로 익었을 때 수확한다.

그 외 파종 정보 & 병충해

하우스딸기는 대개 1년 재배법으로서 당도 높은 열매를 얻을 수 있다는 장점이 있고 겨울과 봄에 수확할 목적의 재배 방식이다. 노지 재배는 하우스 재배가 나오기 전 우리나라에서 활발했으나 현재는 하우스딸기에 밀려 거의 하지 않는다. 노지 재배는 하우스 재배와 달리 다년 재배법을 사용하고, 심은 후 여러 해 수확이 가능하지만 당도가 떨어지고 열매 크기가 작다. 가정집의 실내에서 재배할 경우에는 액비 형태의 웃거름을 자주 준다.

세계에서 가장 많이 재배하는 농작물
옥수수

벼과 한해살이풀 *Zea mays* 꽃 : 7~8월 높이 : 1~3m

월별 재배 일지	1	2	3	4	5	6	7	8	9	10	11	12
씨뿌리기				■								
아주심기					■							
곁순따기					■	■						
밑거름 & 웃거름			■	■	■							
수확하기							■	■	■			

옥수수 꽃

　원래의 자생지는 불분명하지만 열대 아메리카를 원산지로 보고 있다. 원주민들이 재배한 야생옥수수가 스스로 교잡하여 지금의 옥수수가 출현한 것으로 보고 있다. 신대륙에서 옥수수를 발견한 사람은 신대륙을 개척한 정착민들인데 이들에 의해 '스위트 콘'이라는 이름

1 열매
2 모종
3 옥수수 텃밭

이 붙었다. 이 후 옥수수는 미국 남부에서 재배하면서 인기 있는 식량 자원이 되었다.

지금의 옥수수 산업은 특정 곤충에 대한 살충성이 가미된 BT 옥수수(GM 작물, 유전자 조작 옥수수)가 생길 정도로 소비량이 많아졌고 이 때문에 농작물 중에서는 세계에서 가장 많이 재배하는 식물이 되었다. 미국은 유전자 조작 곡물을 식용 원료로 사용할 경우 성분표에 유전자 조작 곡물을 사용한 제품임을 표기하고 있지만 국내는 표기하지 않고 있어 계속 사회적 문제가 되고 있다.

옥수수의 줄기는 높이 1~3m로 자란다. 잎은 줄기에서 어긋나고 길이 1m 내외, 잎의 밑부분에는 잎집이 있고, 잎집에는 털이 없다. 7~8월에 피는 수꽃은 원줄기 끝에서 원뿔 모양 화서로 모여 피고, 수꽃의 수술은 3개씩이다. 암꽃이삭은 줄기 상단부 잎겨드랑이에서 자잘한 이삭들이 모여달리는데 각각의 암꽃이삭에는 씨방이 1개씩 있고, 암술대는 적갈색이다.

열매 모양은 공을 위아래로 압축한 형태의 자잘한 씨앗들이 이빨 모양으로 배열되어 달리고, 열매 상단에는 수염 모양의 긴 털이 있다.

옥수수 열매

식용 방법
옥수수 열매를 우리나라에서는 보통 삶아서 먹지만 외국에서는 스튜 같은 요리에 넣어 먹거나 통조림으로 먹고, 특히 팝콘으로 즐겨 먹는다. 옥수수 분말과 발아씨앗은 과자, 빵, 수프의 재료가 된다. 싱싱한 상태의 옥수수 수염도 식용할 수 있는데 국내의 경우 옥수수수염차를 만든다. 종자에서 나오는 오일은 옥수수 식용유를 만들 수 있다.

약용 및 효능
잎이나 뿌리를 달여 복용하면 이뇨에 특히 좋다. 옥수수 수염은 쓸개즙 분비를 촉진하고 이뇨, 혈관 확장, 결석, 당뇨에 효능이 있다. 일반적으로 싱싱한 상태의 수염을 수확해 약용한다. 씨앗(옥수수 알)은 이뇨, 부기, 류마티스 통증에 효능이 있고 암, 저혈압, 저혈당을 예방한다. 삶은 옥수수는 항산화 효능이 있다.

재배 환경
용기 재배
수경(양액) 재배
베란다 텃밭
노지(옥상) 텃밭

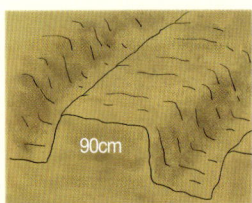

토양 준비하기
일반 토양에서 잘 자란다. 이랑 너비는 90cm로 준비한다. 이른봄 재배시에는 비닐 피복 재배를 권장한다.

씨앗으로 재배하기
3월 하순~4월에 종자 2알씩을 5cm 깊이로 점뿌리기로 텃밭에 파종한다. 육묘할 경우에는 3월에 트레이에 파종한다.

모종으로 재배하기
모종으로 심을 경우에는 5월 초에 텃밭에 심는다. 재식 간격은 60x30cm 간격이 좋다.

재배 관리하기
텃밭에 바로 파종한 경우에 15cm 높이로 자라면 솎아내기, 북주기, 김매기를 한다. 5월경에는 원줄기 밑둥에서 올라오는 곁가지(곁순)를 가위로 잘라내고 원줄기만 키운다.

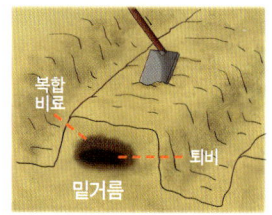

비료 준비하기
파종 2주 전에 밑거름으로 퇴비를 주고 밭두둑을 만든다. 필요하면 복합비료를 퇴비와 섞어 준다. 웃거름은 잎이 7장 정도일 때 포기 사이에 준다.

수확하기
7월 중순~9월 말 사이에 옥수수를 수확한다.

그 외 파종 정보 & 병충해
초기의 병충해 방지를 위해 종자 소독 된 씨앗을 구입해 파종한다. 종자는 식용용, 팝콘용 등이 있으므로 원하는 종자를 구입한다. 실내에서 키울 경우 일반 싱싱한 옥수수 알갱이를 수경 재배해도 발아가 된다. 병해로는 흑수병 등이 있지만 텃밭에서 소규모로 키울 경우 신경 쓰지 않아도 된다.

07

외국 채소 텃밭 작물

치커리 & 적치커리
겨자
다채(비타민)
브로콜리
케일
양배추
래디쉬(적환무)
샐러리
신선초
파슬리
피망 & 파프리카

뿌리를 커피로 마셨던
치커리 & 적치커리

국화과 관목성여러해살이풀　*Cichorium intybus*　꽃 : 7~10월　높이 : 1.5m

월별 재배 일지	1	2	3	4	5	6	7	8	9	10	11	12
씨뿌리기				■	■	■						
아주심기					■	■	■					
솎아내기 & 김매기					■	■	■	■				
밑거름 & 웃거름				■	■	■						
수확하기									■	■		

꽃

　서유럽과 서아시아, 북아프리카에 분포한다. 국내에서는 상추쌈으로 즐겨 먹는 채소이듯 꽃상추에 가까운 품종이다. 치커리의 조상인 야생 치커리의 재배 역사는 고대 이집트로부터 시작된다. 중세 시대의 야생 치커리는 주로 수도원에서 재배하면서 명맥을 유지하다가

17세기경 미국에 전래되었는데 당시만 해도 잎과 뿌리 모두를 식용하였다.

지금의 치커리는 16세기 전후 이탈리아의 수도원에서 재배하던 치커리가 조상으로 추정되는데, 이 품종이 프랑스 등으로 퍼지면서, 19세기경의 프랑스 국민들은 치커리 뿌리를 커피 대용으로 먹기 시작하였다.

미국으로 전래된 치커리는 남북전쟁 발발 직전 커피 수입이 중단되자 뉴올리언스에서 큰 인기를

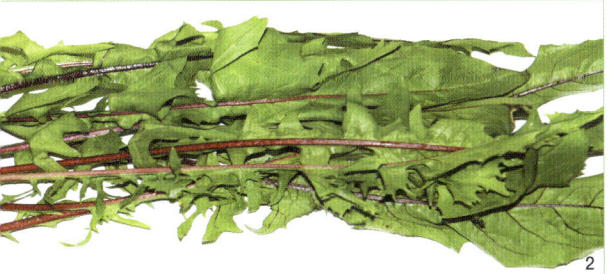

1 적치커리
2 적치커리 잎
3 적치커리 모종

4 전초
5 모종
6 잎

얻었다.

   당시 커피가 필요했던 사람들은 치커리 뿌리를 커피처럼 우려 마셨고, 커피 수입이 다시 시작되어도 뉴올리언스에서는 치커리 성분이 함유된 커피를 계속 제조하였는데 이렇게 만든 뉴올리언스 커피는 교도소에 활발하게 공급되었다. 이 때문에 지금도 뉴올리언스식 전통 커피에는 커피 성분 외에 치커리 뿌리 성분이 30% 정도 함유되어 있고, 이렇게 만들어진 커피는 '치커리커피'라고도 부른다. 치커리 커피는 치커리 뿌리를 세척한 뒤 잘 건조시키고 원두 크기 모양으로 자른 뒤 원두처럼 굽는다. 구운 치커리 뿌리와 일반 원두를 3대 7 비율로 섞어 우려내면 치커리 커피가 된다.

   치커리의 줄기는 높이 1.5m 내외로 자라고 잎은 곱슬 모양이다. 꽃의 지름은 2~4cm 내외, 꽃의 색상은 파란색, 분홍색, 흰색 등이 있다.

식용 방법
꽃이 피기 전의 잎을 수확해 상추 대용으로 먹거나 샐러드로 먹는다. 꽃은 샐러드로 먹거나 요리 장식용으로 사용한다. 뿌리에는 이눌린 성분과 당분 성분이 함유되어 있으므로 당뇨병 환자들이 야채 대용으로 삶아 먹거나 수프 같은 국물 요리에 넣어 먹는다. 볶은 뿌리는 카페인이 없는 커피 대용품으로 안성맞춤이다. 단, 치커리를 과도하게 섭취할 경우 망막 기능에 손상이 올 수 있으므로 소량 섭취를 원칙으로 한다.

약용 및 효능
잎과 줄기를 수확해서 바로 달여 먹거나 가을에 뿌리를 수확해서 건조시킨 뒤 달여 먹는다. 간, 이뇨, 소화, 통증, 황달 치료에 좋고 쓸개즙 분비를 촉진하고 저혈당증에 좋다. 국내에는 잎치커리와 뿌리치커리 품종이 있으므로 잎을 식용하려면 잎치커리를, 치커리 커피를 만들려면 뿌리치커리를 재배한다.

재배 환경
용기 재배
수경(양액) 재배
베란다 텃밭
노지(옥상) 텃밭

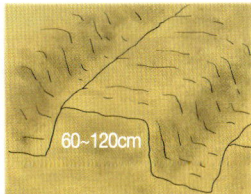
토양 준비하기
일반 토양에서 잘 자란다. 이랑 너비는 60~120cm로 준비한다.

씨앗으로 재배하기
봄 재배는 4월~5월 초에, 여름 재배는 6~7월에 3~4알씩 점뿌림으로 2cm 깊이로 심는다.

모종으로 재배하기
모종으로 키울 경우에는 5~8월에 정식을 목적으로 약 40일 전에 트레이에 파종 후 정식한다. 재식 간격은 20x20cm 간격으로 한다.

재배 관리하기
잎이 2~3매일 때 1차, 4~6매일 때 2차 솎아내고 솎아낸 잎은 식용한다. 솎아내기를 할 때 김매기를 병행하여 잡초를 제거한다.

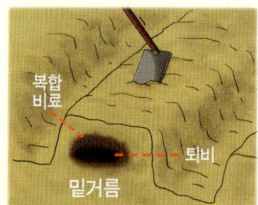

비료 준비하기
파종 2주 전 밑거름으로 퇴비+복합비료를 주고 밭두둑을 만든다.

수확하기
9~11월에 잎을 수확해 식용한다.

그 외 파종 정보 & 병충해
치커리는 여러해살이풀이므로 심은 해에는 꽃이 피지 않고 이듬해에 꽃이 핀다. 상추와 비슷한 병충해가 발생하므로 상추에 맞게 대비한다.

매운 맛 잎 채소
겨자

십자화과 한/두해살이풀 *Brassica juncea* 꽃 : 6~9월 높이 : 1~2m

월별 재배 일지	1	2	3	4	5	6	7	8	9	10	11	12
씨뿌리기												
하우스 아주심기												
솎아내기												
밑거름 & 웃거름												
수확하기												

청곱슬겨자

  아시아계 겨자(Brassica juncea)는 중앙아시아가 원산이고, 화이트겨자(Sinapis alba)는 북아프리카와 지중해 연안이 원산이다. 블랙겨자(Brassica nigra)는 남미 등에 분포한다. 주로 재배하는 겨자

외국 채소 텃밭 작물

는 아시아계 겨자와 블랙겨자로서 세계 곳곳에 귀화한 뒤 각 지역에서 개량종이 만들어졌는데 유럽에서 특히 일찍 재배하였다. 블랙겨자와 다른 겨자 분말을 섞거나 강황으로 색을 낸 것이 겨자 분말이다. 세계적으로는 캐나다와 네팔의 겨자 농사가 발달해 있고 이 두 국가가 세계 겨자 생산량의 60%를 차지한다.

  겨자는 갓과 유전적으로 비슷한 식물로서 잎을 수확하기 위한 품종과 씨앗을 수확하기 위한 품종 등으로 발전하였다. 국내에서는 잎 채

1 청곱슬겨자
2 꽃
3 모종

적겨자

소 종류인 청겨자(청곱슬잎겨자)와 적겨자가 많이 유통된다.

아시아계 겨자는 중앙아시아와 히말라야 부근에서 재배되었던 것으로 추정된다. 그 후 세계 각국에 귀화하면서 잎 채소로 개량화되었다. 아시아계 겨자를 잎 채소로 즐기는 나라는 중국, 인도, 동남아시아 등으로 튀김 요리와 절임 요리 등에 채소처럼 사용한다. 국내는 어린잎을 쌈채소로 먹는데 겨자 맛과 매운 맛이 난다.

겨자의 줄기는 높이 1~2m 내외로 자라고 뿌리에서 올라온 잎은 깃 모양으로 갈라졌다. 줄기 잎은 어긋나고 가장자리에 톱니가 없다. 3~6월에 피는 꽃의 모양은 갓꽃이나 유채꽃과 비슷하고, 열매는 길이 5cm 내외의 원기둥 모양이다. 열매 안에는 매운 맛이 나는 자잘한 씨앗들이 들어 있다.

식용 방법
잎을 날것으로 먹거나 조리해 먹는다. 국내에서는 쌈 채소로 즐겨 먹지만 인도, 네팔, 파키스탄, 동남아시아는 채소처럼 각종 채소 요리나 육류 요리, 쌀 요리, 빵 등에 즐겨 사용한다. 중국은 절임, 볶음, 튀김, 향신료로, 일본은 절임 요리나 향신료로 즐겨 사용한다. 겨자 분말은 카레 원료로 사용하거나 각종 요리의 향신료로 사용한다.

약용 및 효능
씨앗을 달여 먹으면 이뇨, 구토, 식욕 자극, 소화, 치통, 간질, 항암 효능이 있고 류머티즘 통증에는 찜질팩처럼 바른다. 대머리에 바르면 모발 성장을 촉진한다. 때때로 과용하면 피부염증을 동반할 수 있으므로 소량 사용을 원칙으로 한다. 겨자 가루는 살균에 효능이 있다.

재배 환경
용기 재배
수경(양액) 재배
베란다 텃밭
노지(옥상) 텃밭

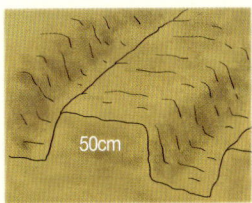

토양 준비하기
비옥한 모래 찰흙에서 잘 자란다. 이랑 너비는 50cm로 준비한다.

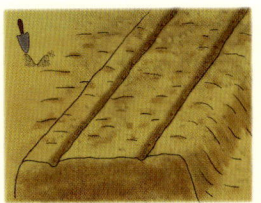

씨앗으로 재배하기
쌈채소용 겨자의 경우 3~10월 적기에 노지나 화분에 파종한다. 씨앗 수확용 겨자는 노지 재배의 경우에 남부 지방에서 10월 상중순에 2~3cm 깊이의 줄뿌림으로 파종한다.

모종으로 재배하기

씨앗 수확용 겨자의 하우스 재배는 한달 전에 파종 및 육묘한 후 4월에 하우스에 아주 심는다. 재식 간격은 30x20cm로 한다.

재배 관리하기

잎이 나면 솎음·김매기를 하고, 솎아낸 잎은 쌈채소로 식용한다. 씨앗 수확용 겨자는 웃거름을 줄 때 북주기를 한다.

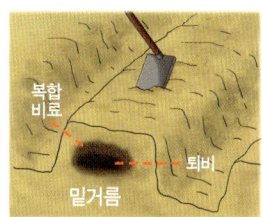

비료 준비하기

10~20일 전에 밑거름으로 퇴비+복합비료를 주고 밭두둑을 만든다.
웃거름은 씨앗 수확용 겨자의 노지 재배의 경우에는 이듬해 3월에 약간 준다.

수확하기

10월의 노지 재배의 경우에 씨앗은 이듬해 꽃이 핀 뒤 60일 전후에 수확한다. 쌈채소용 겨자의 경우 잎의 개수가 8~10매일 때 수확해서 식용하는데 보통 파종 후 1~2개월 무렵에 수확한다.

그 외 파종 정보 & 병충해

노지 재배의 경우 유채와 마찬가지로 따듯한 남부 지방에서 재배하고 겨자 종자의 수확이 목적이다. 하우스·실내·수경 재배의 경우 중부 지방에서도 재배할 수 있고 이 경우 파종 1~2개월 안에 잎을 수확을 목적으로 한다. 초기 병충해를 예방하기 위해 종자 소독 된 씨앗을 구입해 파종한다.

요리 장식용으로 인기 있는
다채(비타민)

십자화과 두해살이풀 *Brassica narinosa* 꽃 : 4~9월   높이 : 1m

월별 재배 일지	1	2	3	4	5	6	7	8	9	10	11	12
씨뿌리기					▬				▬			
아주심기						▬				▬		
솎아내기						▬				▬		
밑거름 & 웃거름					▬				▬			
수확하기				▬			▬				▬	

꽃

　중국 원산으로 '다채' 또는 '비타민' 이라고 불린다. 원래 중국에서 식용했으나 쓴 맛이 거의 없고 부드러운 식감 때문에 우리나라와 일본 등에서 쌈채소로 즐겨 먹고 세계적으로 널리 전파되었다. 현재는 서구권에서도 인기 있는 샐러드용 채소가 되었다. 잎 모양이 수저처럼 움푹 들어간 모양이기 때문에 쉽게 알아볼 수 있다.

다채의 속명은 Brassica narinosa 또는 Brassica rapa var. rosularis이다. 아주 부드러운 식감의 시금치와 배추가 결합된 모습이라고 생각하면 되는데, 2개월 남짓한 생육 기간이면 잎을 수확해 식용할 수 있으므로 큰 인기를 얻고 있다. 발아씨앗은 통째로 식용할 수 있고 어린잎은 새싹샐러드로도 인기 만점이다. 또한 어린잎의 모

1 잎
2 전초

양이 귀엽기 때문에 요리 장식용으로도 안성맞춤이다.

다채의 꽃대는 높이 1m 내외로 자란다. 잎의 모양이 수저와 비슷하기 때문에 Spoon mustard(숟가락 겨자)라고도 불리고, 우리나라에

서는 '비타민'이란 이름으로 대형 마트에서 흔히 판매된다. 꽃 모양은 유채, 갓, 겨자 꽃과 비슷하다. 뿌리에서 올라온 잎은 높이 40cm 내외로 자라고 짙은 녹색 수저 모양이다.

3 비타민 잎
4 비타민 잎과 래디쉬 비빔밥

잎의 맛이 부드럽기 때문에 샐러드는 물론 비빔밥에 넣는 채소로도 안성맞춤이다. 일반적으로 발아한 뒤 한 달 반 정도면 잎을 수확해 식용할 수 있다.

다채는 영하 10도 이하로 내려가지 않으면 성장할 수 있으므로 노지 재배의 경우 강원도를 제외한 전국에서 재배할 수 있다. 중국에서는 상해, 남경 등에서 재배하며 겨울 채소로 즐겨 먹는다.

식용 방법
어린잎은 새싹채소로 먹는다. 꽃이 피기 전의 성숙한 잎은 배추 포기처럼 수확한 뒤 샐러드로 먹거나 스파게티 같은 곳에 넣어 조리하고, 각종 볶음 요리 등에 채소처럼 넣어 먹는다. 2~3cm 크기의 어린잎은 요리 장식용으로 안성맞춤이므로 수프, 스파게티, 각종 육류 요리의 장식용으로 사용한다. 부패가 잘 되기 때문에 요리용으로 사용할 경우 빨리 소비하는 것이 좋다.

약용 및 효능
배추에 비해 섬유질 함량이 적지만 다량의 미네랄 성분이 함유되어 있다. 주 함유 성분은 카로틴, 비타민 A, B1, B2 등이므로 야맹증, 시력 등에 효능이 있다.

재배 환경
용기 재배
수경(양액) 재배
베란다 텃밭
노지(옥상) 텃밭

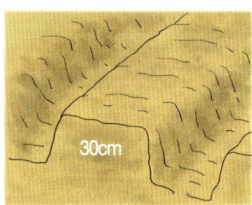
토양 준비하기
일반 토양에서도 잘 자란다. 이랑 너비는 30cm로 준비한다. 잎이 나면 벌레를 방지하기 위해 한냉사를 설치하는 것이 좋다.

씨앗으로 재배하기
노지 재배는 5월이나 9월에 5알씩 1~2cm 깊이로 얇게 파종한다. 하우스 재배는 연중 파종할 수 있다.

모종으로 재배하기
5월이나 9월에 아주 심을 경우 아주 심기 한 달 전 트레이에 파종 후 육묘한 뒤 아주 심는다. 재식 간격은 30x30cm로 한다.

한 구멍에서 여러 포기가 자라면 솎아낸다.

재배 관리하기
파종 약 한 달 뒤 잎이 나면서 어느 정도 자랐을 때 한 구멍에서 여러 포기가 자라면 솎아낸다. 수분은 건조하지 않게 관리한다.

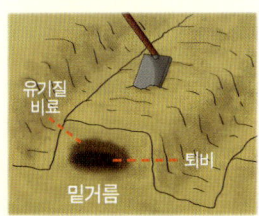

비료 준비하기
밑거름은 퇴비 등의 유기질 비료를 섞어서 준다.

수확하기
싹이 난 뒤 30~40일 전후, 씨앗을 파종한 뒤에는 60~70일 전후에 잎을 수확한다. 가을 재배의 경우에 11월은 물론 이듬해 3월에도 잎을 수확할 수 있다.

그 외 파종 정보 & 병충해
파종 전 종자를 3~7시간 정도 물에 담근 뒤 파종한다. 노지에서의 가을 재배는 달팽이 같은 벌레나 곤충들이 잎을 좋아하므로 잎이 벌레에 의해 손상되지 않도록 한냉사(망)를 씌운다. 가을 재배의 경우에는 30~40일 뒤 잎을 수확하고 이듬해 봄에 다시 수확할 수 있다. 가정에서는 보통 수경 재배로 키우는데 아주 잘 자란다.

암 예방에 좋은
브로콜리

십자화과 두해살이풀 *Brassica oleracea italica* 꽃 : 5~8월 높이 : 1m

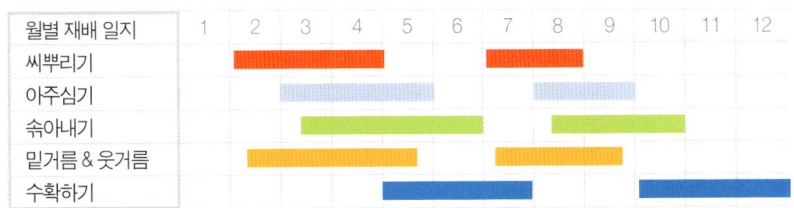

브로콜리 꽃눈

　정확한 야생 상황은 알 수 없고 일반적으로 양배추 그룹에 속하는 변종의 하나로 보고 있다. 6세기경 지중해 북부에서 출현한 콜리플라워(흰브로콜리 종류)를 브로콜리의 조상 중 하나로 추정한다.

초기에는 이탈리아 등의 유럽 지역에서 재배하였고, 신대륙 발견 이후 미국에 상륙하였지만 인기를 끌지 못하다가 이탈리아 이민자들에 의해 미국에서의 소비량도 폭발적으로 늘어났다. 브로콜리가 세계 전역에 전파된 것은 1920년 이후로 보고 있다.

　알려진 품종은 여러 가지가 있다. 보통 흔히 볼 수 있는 녹색 브로콜리는 이탈리아에서 재배된 Calabrese 브로콜리 계열이고 보라색 Cauliflower는 남서유럽에서 주로 먹는다.

　참고로 브로콜리의 곱슬머리는 꽃이 피기 전의 꽃눈인데 약 7만 개의 꽃눈으로 이루어져 있다.

　브로콜리는 케일과 비슷하기 때문에 꽃눈이 달리기 전에는 구별하기가 조금 어렵다. 국내에 유통되는 브로콜리 종자는 조생종, 만생종 등이 있고 품종 및 재배 지역에 따라 파종 시기, 수확 시기가 조금씩 다르다.

브로콜리

브로콜리 잎

　브로콜리는 높이 1m 내외로 자란다. 원산지에서는 보통 5~8월에 꽃이 피고, 7~9월 사이에 열매가 달린다. 우리가 식용하는 부분은 꽃이 피기 전의 꽃눈과 줄기, 어린잎인데 기름기가 많은 음식과 함께 볶으면 기름기를 흡수하는 효과가 있다.

　브로콜리의 재배 강국은 중국, 인도, 미국 순이며 중국의 생산량은 세계 생산량의 절반을 차지하고 있다. 국내의 경우에 브로콜리가 건강 식품으로 각광받으면서 최근에야 생산 농가가 늘어나고 있다.

식용 방법
꽃눈과 어린 줄기 및 잎을 식용한다. 날것으로 먹거나 조리해 먹는다. 보통 10cm 정도 꽃대가 자랐을 때 수확한다. 살짝 데쳐 샐러드로 먹거나 육류와 볶아 먹는다. 또한 각종 국물 요리-예를 들면 라면에 넣어 먹으면 국물 맛을 담백하게 만든다. 어린싹과 발아씨앗은 샐러드로 먹는다.

약용 및 효능
식물체에 섬유질과 비타민 A와 비타민 C가 풍부하고 항암 성분이 매우 강력하다. 여러 가지 암 예방 효과가 있는데 특히 전립선암 예방에 좋다.

재배 환경
용기 재배
수경(양액) 재배
베란다 텃밭
노지(옥상) 텃밭

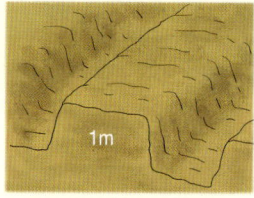
토양 준비하기
유기질 토양에서 잘 자란다. 이랑 너비는 1m로 준비한다.

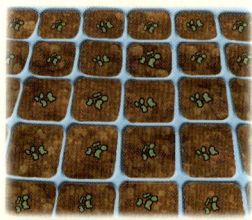
씨앗으로 파종하기
중부 지방은 2~3월에, 고랭지는 4월에, 남부 지방은 7~8월에 트레이에 파종한 뒤 육묘한다. 파종하기 전에 8시간 정도 물에 불린다.

모종으로 파종하기
트레이에 파종한 한 달 뒤 텃밭에 아주 심는다. 재식 간격은 60x60cm로 한다.

재배 관리하기
노지의 직접 파종인 경우에는 모종이 다닥다닥 붙어 자라므로 속아내기를 하여 포기 간격을 만들어 준다. 때때로 김매기, 순자르기를 한다.

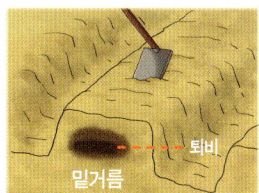

비료 준비하기
2주 전에 밑거름으로 퇴비 등을 충분히 주고 밭두둑을 만든다.
웃거름은 필요한 경우에 준다.

수확하기
파종 후 3개월 전후 꽃이 피기 전에 수확한다. 꽃이 피면 먹을 수 없다.

그 외 파종 정보 & 병충해
소독된 종자를 구입해 파종한다. 품종 및 재배 지역에 따라 파종 시기가 다르므로 정확한 파종 시기는 종자 포장지의 설명서를 참고한다. 벌레들이 좋아하므로 여름에는 한랭사(그물망)를 씌운다.

항암 성분이 탁월하게 함유된
케일

벼과 한/두해살이풀 *Brassica o. acephala* 꽃 : 4~5월 높이 : 0.6~1.5cm

월별 재배 일지	1	2	3	4	5	6	7	8	9	10	11	12
씨뿌리기			■				■					
아주심기				■				■				
솎아내기					■				■			
밑거름 & 웃거름		■	■	■			■	■				
수확하기					■	■			■	■		

용기에서 키우는 케일

　지중해와 유럽 해안가에 분포하는 야생 양배추에서 나온 변종이다. 우리가 알고 있는 브로콜리, 양배추, 콜리플라워 따위의 작물들도 모두 야생 양배추에서 나온 변종들인데 케일은 이 중에서 가장 일찍부터 재배한 작물이다. 연구에 의하면 고대 그리스에서 이미 케일과 비숱한 작물을 재배한 흔적이 있었고, 중세 유럽에서는 일반 가정집에서도 흔히 먹는 채소가 되었다.

케일은 19세기경 캐나다를 통해 미대륙에 전래되었고, 제2차 세계 대전 때는 영국에서 영양 보충을 위해 케일 식용을 장려하였다. 그 뒤 케일은 세계 각국에서 개량종이 개발되면서 중국에서 Kailan 품종이 탄생하였고 Kailan은 중국 음식에서 흔히 사용하는 채소가 된다.

케일은 품종에 따라 높이 60~150cm 내외로 자란다. 잎은 양배추의 어린잎이나 브로콜리의 어린잎과 닮았지만 결구를 형성하지 않고 잎이 상대적으로 얇기 때문에 잎을 수확할 목적으로 재배한다. 요리용으로 좋은 잎은 보통 손바닥만한 크기의 어린잎이 대상이 된다.

케일 쌈채소

1 잎
2 전초

영양성분
일반적으로 양배추 종류의 식물들은 항산화 및 항암제로서의 효능이 매우 높은데 이 중에서 항암 성분이 가장 많이 함유된 식물이 케일이다. 미국 암 협회는 암 예방을 위해 케일과 양배추의 식용을 적극 권장하고 있다.

재배 환경
용기 재배
수경(양액) 재배
베란다 텃밭
노지(옥상) 텃밭

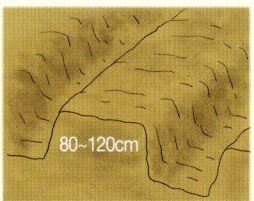
토양 준비하기
유기질 토양에서 잘 자란다. 이랑 너비는 80~120cm로 준비한다.

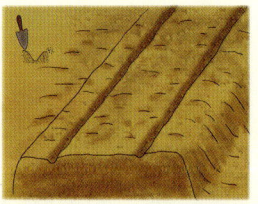
씨앗으로 재배하기
3월 또는 7월 초중순에 2~3줄의 골을 내어 줄뿌림으로 파종한다. 점뿌림으로 파종해도 된다. 파종 깊이는 5~10cm 깊이로 한다.

모종으로 재배하기
위와 같은 시기에 트레이에 파종한 다음 1개월 뒤 텃밭에 정식해도 된다. 재식 간격은 60×40cm로 한다.

재배 관리하기
잎이 2~3매일 때 1차 솎아내고, 4~5매일 때 2차 솎아낸다.

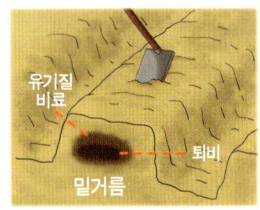

비료 준비하기
아주 심기 2주 전에 밑거름(퇴비 등의 유기질 비료)을 충분히 주고 밭두둑을 만든다.
웃거름은 잎의 수확량을 늘리기 위해 필요한 경우에 준다.

수확하기
파종 뒤 50~60일 전후 잎이 손바닥만 할 때 수시로 수확한다.

그 외 파종 정보 & 병충해
소독된 종자를 구입해 파종한다. 벌레들이 좋아하므로 여름에는 한냉사(망)를 씌운다. 용기에서 키울 경우에는 배추보다 포기의 크기가 크기 때문에 가급적 큰 용기에서 키운다.

노화 방지, 항암 성분이 있는
양배추

십자화과 두해살이풀 *Brassica o. capitata.* 꽃 : 5~7월 높이 : 0.8m

월별 재배 일지	1	2	3	4	5	6	7	8	9	10	11	12
씨뿌리기			■			■		■				
아주심기				■					■	■		
솎아내기 & 김매기				■	■	■	■	■	■	■		
밑거름 & 웃거름					■	■		■	■	■		
수확하기						■		■	■			

양배추

　양배추는 지중해와 유럽 해안가에 분포하는 야생 양배추(Brassica oleracea)의 변종이다. 기원전 1세기경부터 재배한 것으로 추정되는 양배추는 케일과 달리 포기 속이 꽉 찬 결구 형태이다.

수확 시기의 양배추

고대 그리스로마 시대에는 양배추를 두통에 약용한 것으로 보이며, 이 후 18세기경의 양배추는 유럽 전역에서 주식을 겸한 채소로 즐겨 먹는 식물이 되었다. 이 무렵 양배추는 네델란드 선원이 약용용으로 선적한 것이 미대륙에 전래되었다. 양배추 1포기의 무게는 품종에 따라 0.4~3.6kg 내외이다.

오늘날의 양배추는 전 세계에서 즐겨 먹는 채소 작물로서 전 세계 생산량의 절반을 중국이 차지하고, 우리나라는 세계 5위권의 양배추 생산국이다.

양배추의 잎은 케일과 비슷하지만 시간이 지나면 점점 속이 꽉 찬 형태로 자란다. 꽃은 5~8월에 높이 0.8m의 꽃대가 올라온 뒤 유채 꽃과 비슷한 꽃이 핀다.

양배추

식용 방법
우리나라와 미국은 양배추를 샐러드용으로 즐겨 먹지만 유럽은 스튜, 볶음 등의 조리용으로 먹거나 김치와 비슷한 발효 절임이나 소금 절임으로 먹는다. 포기 안쪽 잎은 맛이 부드럽지만 영양가는 겉잎에 비해 많이 떨어진다. 발아씨앗은 샐러드로 먹을 수 있다.

영양성분
비타민 C, 베타카로틴, Sulphoraphane, Glucosinolates 성분 등이 함유되어 있다. Sulphoraphane 성분은 암 예방에, Glucosinolates 성분은 항산화에 효능이 있다. 보라색양배추(적채)에는 안토시아닌 색소도 함유되어 있으므로 시력에 좋다. 양배추는 끓는 물에 조리하면 항암 성분이 줄어드므로 샐러드로 먹는 것이 좋다. 단, 샐러드로 먹을 때는 토양 세균에 감염되어 있을 수 있으므로 반드시 세척하고 먹어야 한다.

재배 환경
용기 재배
수경(양액) 재배
베란다 텃밭
노지(옥상) 텃밭

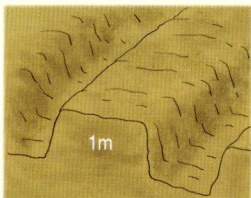
토양 준비하기
비옥한 토양에서 잘 자란다. 이랑 너비는 1m로 준비한다.

씨앗으로 재배하기
3월 초중순 전후, 5월 하순 전후, 7월 초순 전후, 8월 말 전후에 트레이에 파종한 뒤 45일간 육묘한다.

모종으로 재배하기
육묘 45일 전후를 지나 잎이 4~6매일 때 텃밭에 아주 심는다. 재식 간격은 60x50cm로 한다.

재배 관리하기
트레이에서 육묘할 때 적당히 솎아내고 텃밭에 정식한 뒤에는 김매기를 한다.

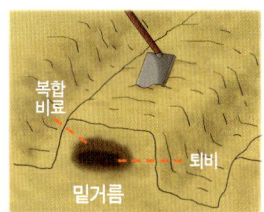

비료 준비하기
아주 심기 2주 전에 밑거름으로 퇴비 등의 유기질 비료를 충분히 주고 밭두둑을 만든다.
웃거름은 상태를 보아 가며 수시로 준다.

수확하기
봄 재배는 70일 전후, 초가을 재배는 80~100일 전후에 수확하거나 월동시킨 뒤 이듬해 봄에 수확한다.

그 외 파종 정보 & 병충해
종자 소독 된 씨앗으로 파종한다. 텃밭에 정식한 다음 웃거름은 1개월 간격으로 주고 결구를 만들 무렵에는 2차 웃거름을 충분히 주고 물 공급도 충분히 준다. 양배추는 벌레가 많이 생기므로 잎을 갈아먹기 시작하면 친환경 살충제로 바로 방제한다.

1년 내내 재배할 수 있는
래디쉬(적환무)

십자화과 *Raphanus sativus* 꽃 : 6~8월 높이 : 20~50cm

월별 재배 일지	1	2	3	4	5	6	7	8	9	10	11	12
씨뿌리기												
아주심기												
솎아내기												
밑거름 & 웃거름												
수확하기												

래디쉬

　무와 같은 종이지만 정확한 원산지는 알 수 없다. 아마도 야생 무의 변종으로 나타난 것으로 추정된다. 뿌리는 방울만한 크기이고 빨간색이다. 일본산 래디쉬는 갑상선증을 일으키므로 빨간색 부분을 제

뿌리

거하고 식용한다.

줄기는 높이 20~50cm 내외로 자라고 꽃은 6~8월 사이에 무 꽃과 같은 모양의 꽃이 핀다. 뿌리 색상은 보통 붉은색이지만 품종에 따라 분홍색, 흰색, 회색 등인 경우도 있다. 빨간색 품종은 유럽에서 즐겨 키우기 때문에 '유럽 무'라고도 한다.

1 전초
2 잎

외국 채소 텃밭 작물 331

식용 방법
어린 상태에서 수확한다. 저장성이 없으므로 며칠 내로 식용한다. 뿌리를 포함한 전체를 샐러드로 먹거나 비빔밥에 넣어 먹는다. 뿌리와 잎에서 약간의 무 맛과 비슷한 매운 맛이 난다. 씨앗은 미지근한 물에 12시간 담갔다가 수경 재배하면 6일 정도 뒤에 발아되어 새싹 채소로 먹을 수 있다.

약용 및 효능
말린 잎 100g에는 단백질 28.7g, 탄수화물 50g, 섬유 9.6g, 회분 16.5g, 칼슘 1913mg, 인 261mg, 철 36mg, 비타민 A 21mg, 티아민 0.7mg, 리보플라빈 2.43mg, 니아신 35mg, 비타민 C 704mg 외 항균 성분이 함유되어 있다. 소화촉진, 강장, 천식, 설사, 기관지염, 괴혈병, 답답한 가슴에 효능이 있다.

재배 환경
용기 재배
수경(양액) 재배
베란다 텃밭
노지(옥상) 텃밭

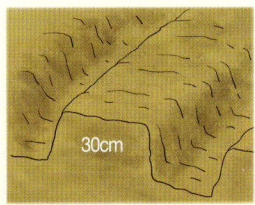
토양 준비하기
비옥한 토양에서 잘 자란다. 이랑 너비는 30cm로 준비한다.

씨앗으로 재배하기
노지 재배의 경우 봄이나 가을에 파종 후 흙을 얇게 덮어준다. 가정에서 파종할 경우 식물 재배 상자에 상토를 넣고 적당한 간격으로 파종하고 흙을 얇게 덮어준다.

재식 간격 지키기
일반적으로 파종으로도 쉽게 재배되므로 모종으로는 키우지 않는다. 재식 간격은 10x10cm로 한다.

재배 관리하기
싹이 올라오면 솎아내기를 하여 포기와 포기 사이를 10x10cm이 되도록 한다. 솎아낸 잎과 뿌리는 샐러드로 먹거나 비빔밥으로 먹는다.

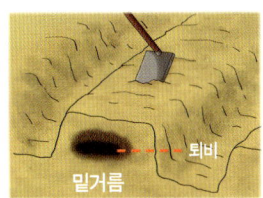

비료 준비하기
밑거름은 퇴비 등을 준다. 화분에서 키울 경우에는 배양토에서 재배하면서 때때로 액비를 준다.

수확하기
파종 후 20~40일 사이에 뿌리가 2~3cm 굵기이면 수확한다. 품종에 따라 수확 시기가 조금 늦어질 수도 있다.

그 외 파종 정보 & 병충해
뿌리가 작기 때문에 수경 재배가 아주 잘 된다. 화분 같은 용기에서도 잘 자라기 때문에 텃밭보다는 화분이나 베란다에서 키울 것을 권장한다. 실내에서의 발아 및 생육 적정 온도는 20도 내외이므로 베란다에서 재배할 경우 거의 연중 파종할 수 있다.

서양의 당귀 향 채소
샐러리

산형과 한/두해살이풀 *Apium graveolens* 꽃 : 6~9월 높이 : 90cm

월별 재배 일지	1	2	3	4	5	6	7	8	9	10	11	12
씨뿌리기			■	■■	■							
아주심기					■	■						
김매기				■	■■	■	■	■				
밑거름 & 웃거름				■	■ ■	■	■					
수확하기							■	■	■	■	■	

샐러리 싹

샐러리의 원산지는 정확하지 않지만 지중해 연안으로 추정된다. 고고학자들은 이집트의 투탕카멘 무덤에서 샐러리의 꽃송이 흔적이, 헤라 신전에서 샐러리 종자가 발견된 것을 보아 기원전 1300년 이전

에 이미 샐러리를 재배한 것으로 보고 있다. 또한 호머의 일리아드에는 야생 샐러드에 대한 묘사가 있었으므로 최소한 고대 그리스에서는 일반적으로 샐러드를 알고 있었던 것으로 보인다.

17세기경 유럽에서는 샐러리를 이용한 요리가 일반화되었는데 이 때문에 샐러리라는 영어 이름도 프랑스 이름인 céleri에서 따 왔다. 영국의 첼시 축구팀은 팀이 우승을 하면 샐러리를 던지는 전통이 있고 첼시 응원가에는 샐러리 노래도 있다. 참고로, 샐러리 맛은 우리의 당귀 맛과 비슷하지만 약간 향이 덜하고 육질이 두툼하다.

1 잎
2 전초
3 수확한 샐러리 잎

식용 방법
잎, 뿌리, 씨앗을 식용한다. 잎과 줄기는 날것으로 먹거나 조리해 먹는다. 잎은 샐러드의 재료로 사용한다. 잎, 줄기, 뿌리를 재료로 사용해 수프나 스튜를 만든다. 씨앗은 각종 소스를 만들거나 피클 등을 만들 때 향신료처럼 사용한다. 우리나라에서는 주로 날것으로 먹거나 즙을 내 마신다.

약용 및 효능
소화불량, 고혈압, 항염증에 효능이 있고 복부가스, 이뇨, 통경, 신경쇠약, 신장 질환, 빈혈에 효능이 있지만 임산부는 약용을 피하는 것이 좋다. 뿌리를 포함한 전초를 약용하고 씨앗은 약용하지 않는다.

재배 환경
- 용기 재배
- 수경(양액) 재배
- 베란다 텃밭
- 노지(옥상) 텃밭

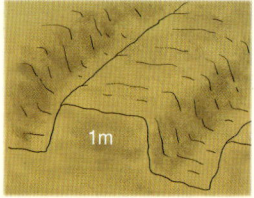
토양 준비하기
비옥한 토양에서 잘 자란다. 이랑 너비는 1m로 준비한다.

씨앗으로 재배하기
3월 하순 전후, 또는 5~6월에 트레이나 모종 상자에 파종한 뒤 한 달간 육묘한다. 보통 2주 뒤 발아한다.

모종으로 재배하기
모종의 잎이 3~4개일 때 텃밭에 아주 심는다.
재식 간격은 40~30cm로 한다.

재배 관리하기
수분을 좋아하므로 다소 촉촉하게 관수하고 한여름에는 반차광한다.

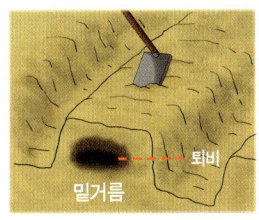

비료 준비하기
아주 심기 10~20일 전에 밑거름으로 퇴비 등을 충분히 주고 밭두둑을 만든다.
웃거름은 아주 심은 뒤 1개월 간격으로 조금씩 준다.

수확하기
정식한 뒤 60일이 지난 뒤부터 잎과 줄기를 2개월 가량 수시로 수확한다.

그 외 파종 정보 & 병충해
초기 병해를 방지하기 위해 종자 소독 된 씨앗을 구입해 파종한다. 실내에서 재배할 때는 거의 연중 파종·재배할 수 있다. 실내에서의 적정 발아 온도는 22~25도 내외이다.

항암 성분이 있는
신선초

산형과 여러해살이풀   *Angelica Keiskei*   꽃 : 6~10월   높이 : 1.2m

월별 재배 일지	1	2	3	4	5	6	7	8	9	10	11	12
씨뿌리기			■	■	■	■	■	■	■	■	■	
아주심기					■	■	■	■	■			
김매기				■	■	■	■	■	■			
밑거름 & 웃거름				■	■	■	■	■	■	■		
수확하기				■	■	■		■	■	■	■	

잎

　일본 혼슈 지방 등의 아열대 원산인 신선초는 원산지에서는 주로 해안가에서 자생한다. 일본에서는 Ashitaba 또는 명일엽(明日葉)이라고도 부른다. 명일엽(明日葉)의 뜻은 잎을 수확하면 바로 다시 새

잎이 돋아난다고 하여 붙었다.

　신선초가 국내에 도입된 것은 관상 목적이었는데 약용 효능이 널리 알려지면서 쌈채소나 생즙으로 마시는 식물로 유명해졌다. 맛은 그다지 좋지 않고 식욕을 돋우는 독특한 향미도 없으므로 약이라고 생각하고 먹는다.

　신선초의 줄기는 높이 1.2m 내외로 자란다. 전체적인 외형은 샐러리와 비슷한데 잎 모양은 우리나라의 '갯강활 잎'이나 '이탈리아 파슬리 잎'과 비슷하다. 줄기는 두꺼운 편이고 잎도 상당히 큰 편이다. 주로 아시아권에서 약용 및 식용 목적으로 재배하고, 서구권에는 그다지 알려지지 않았다.

　신선초의 꽃은 원산지의 경우 6~10월에 피고 열매는 7~11월에 익는다. 복산형 화서의 꽃은 자잘한 백록색 꽃이 우산 모양으로 모여서 핀다.

1 전초
2 용기에서 재배하는 신선초
3 채취한 신선초 잎

식용 방법

잎, 줄기, 뿌리를 식용한다. 잎과 줄기는 날것으로 먹거나 조리해 먹고 뿌리는 절임으로 먹는다. 국내에서는 주로 쌈채소나 즙을 내어 먹지만 원산지에서는 신선초 분말이 함유된 아이스크림을 만들기도 한다.

약용 및 효능

일본의 민속 의학에서는 천연두 치료에 신선초의 노란색 수액을 사용하였다. 이 노란색 수액은 동물 실험에서는 항암 효능이 있는 것으로 연구되었지만 이것에 대한 임상 실험 결과는 없다.

전쟁에서 난 상처에 바르면 감염을 방지하고 빨리 치유가 된다고도 한다. 뿌리는 강장, 이뇨, 모유촉진 등에 효능이 있다. 잎은 민감한 사람들에게 때때로 피부염을 유발할 수 있으므로 민감성 체질인 경우 잎과의 접촉에 주의한다.

재배 환경

- 용기 재배
- 수경(양액) 재배
- 베란다 텃밭
- 노지(옥상) 텃밭

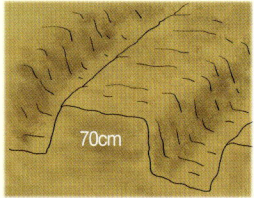

토양 준비하기

부식질의 사질 양토에서 잘 자란다. 이랑 너비는 70cm로 준비한다.

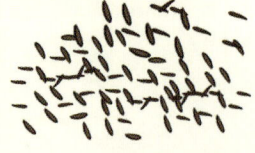

씨앗으로 재배하기

3~10월 사이에 트레이에 파종한 뒤 2개월간 육묘한다. 파종 전에 씨앗을 24시간 동안 물에 담갔다가 파종한다. 텃밭에 바로 파종할 경우 비닐 피복을 한다. 가을 재배(10~11월 파종)는 하우스 시설에서 농사를 짓고 이듬해 수확한다.

모종으로 심기
트레이에서 2개월간 육묘한 모종을 텃밭에 옮길 때는 30x30cm 간격으로 아주 심는다.

재배 관리하기
수분은 건조하지 않게 관리한다. 노지에서 키울 경우 때때로 김매기를 한다.

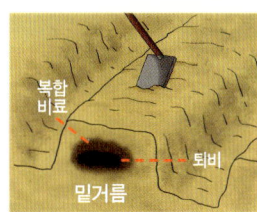

비료 준비하기
아주 심기 2주 전에 밑거름으로 퇴비+복합비료를 주고 밭두둑을 만든다.
웃거름은 연 2~3회 준다.

수확하기
아주 심은 뒤 2개월이 지나면 먼저 난 잎줄기 위주로 수시로 수확해 식용한다.

그 외 파종 정보 & 병충해
종자 소독 된 씨앗을 구입해 파종한다. 병충해가 발생하면 제때 방제한다.

요리 고명으로 사용하는
파슬리

산형과 두해살이풀   *P. crispum* var. *crispum*   꽃 : 5~6월   높이 : 60cm

월별 재배 일지	1	2	3	4	5	6	7	8	9	10	11	12
육묘하기			■									
아주심기					■							
솎음 & 곁가지치기					■	■	■					
밑거름 & 웃거름					■		■	■				
수확하기								■	■	■		

▎곱슬잎 파슬리

지중해 연안인 이탈리아와 북아프리카가 원산지인 파슬리는 크게 3가지 품종으로 나눈다.

우리가 흔히 보는 곱슬잎 파슬리(P. crispum var. crispum)는 잎이 곱슬 형태인 파슬리이다. 저절로 좋은 모양을 만들기 때문에 요리 장식용으로 흔히 사용한다.

잎이 평평한 파슬리는 이탈리안 파슬리(P. crispum var. neapolitanum)라고 하는데 향미가 곱슬잎 파슬리에 비해 강하기 때문에 세계적으로 사용되지 않고 보통 이태리 요리에서만 사용한다.

함부르크 파슬리(P. crispum var. tuberosum)는 당근 형태의 뿌리가 있는 파슬리로서 루트파슬리라고도 한다. 함부르크 파슬리는 동유럽권에서 스튜, 수프, 육류 요리에 넣어 먹는다.

파슬리는 보통 뿌리에서 잎이 방석처럼 모여서 올라온 뒤 긴 꽃대가 올라온다. 꽃은 2년째 되는 해에 핀다. 곱슬잎 파슬리의 잎 길이는 10~25cm, 3회깃꼴로 갈라지고, 자잘한 꽃들이 당근 꽃처럼 모여서 달린다. 꽃의 색상은 연록색이다.

파슬리 잎은 향이 강하지만 서양 요리에서 고명이나 장식용으로 흔히 사용한다. 약간의 독성이 있으므로 과다섭취는 피하는 것이 좋다.

1 전초
2 파슬리 꽃이 피기 전 모습

식용 방법
곱슬잎 파슬리는 으깬 감자나 파스타 같은 서양 요리의 고명으로 흔히 사용한다. 아시아권에서는 서아시아 지역이 파슬리를 고명으로 사용하는 나라들이다.

일반적으로 신선한 잎을 다져서 뿌리는 방식으로 사용하는데 시각적으로도 식욕을 돋우게 하는 역할을 한다. 또한 각종 육류, 스테이크, 리조또 요리의 육수를 만들 때 향미 채소로 사용하기도 한다.

약용 및 효능
파슬리에는 비타민 A, C, E, 칼슘, 철분이 함유되어 있고 이뇨, 신장 결석에 효능이 있다. 각종 염증이나 벌레 물린 상처에는 파슬리 잎을 짓이겨 바른다. 파슬리의 독성 성분은 임산부의 자궁을 자극할 수 있으므로 임산부는 과다섭취하지 않도록 주의한다.

재배 환경
용기 재배
수경(양액) 재배
베란다 텃밭
노지(옥상) 텃밭

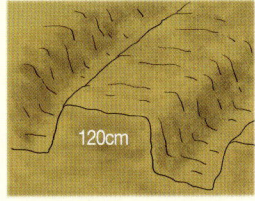
토양 준비하기
비옥한 토양을 선호한다. 이랑 너비는 120cm로 준비한다.

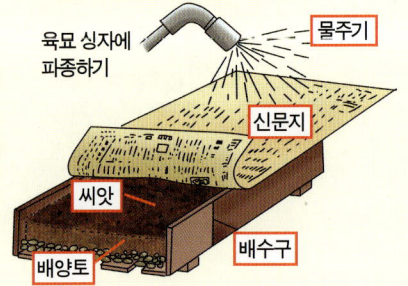
씨앗으로 재배하기
3월 중순에 트레이에 3~4립씩 파종한 뒤 2개월 정도 따뜻한 곳에서 육묘한다. 가정에서는 화분이나 채소 재배 상자에 파종한 뒤에 키운다.

아주심기
5~6월경, 잎이 5~6매일 때 30x20cm 간격으로 텃밭에 아주 심는다.

재배 관리하기
육묘할 때 때때로 솎아내기를 한다. 텃밭에 정식한 뒤 잎이 10매 이상 달리면 곁가지치기를 한다.

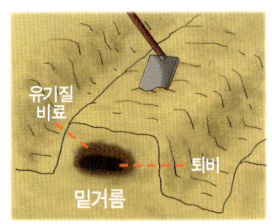
비료 준비하기
아주 심기 2주 전 밑거름(퇴비+유기질 비료)를 섞어서 주고 밭두둑을 만든다.
웃거름은 아주 심은 뒤 1개월에 1회, 총 3회를 준다.

수확하기
파종 후 3~4개월 뒤부터 잎을 10일 간격으로 수확하되, 포기당 2매 정도 수확한다.

그 외 파종 정보 & 병충해
종자 소독 된 씨앗을 파종한다. 여름에 줄기, 잎자루, 뿌리가 물러지는 무름병이 발생하면 포기를 없애고 그 부분 토양을 소독하고, 배수가 잘 되도록 고랑을 잘 판다.

모두 같은 종류인
피망 & 파프리카

가지과 한해살이풀 *Capsicum annuum* 꽃 : 7~9월 높이 : 0.6~2m

월별 재배 일지	1	2	3	4	5	6	7	8	9	10	11	12
육묘하기		■					■					■
아주심기			■	■	■			■				
순자르기 & 김매기					■	■		■	■			
밑거름 & 웃거름	■	■	■				■	■				■
수확하기			■	■	■	■		■	■	■	■	

피망 꽃

　고추의 변종인 피망은 Bell pepper, Sweet pepper, Piment라고도 불린다. 원산지는 중미대륙이거나 중미 열대 지역으로 추정된다.
　피망과 비슷한 파프리카는 피망의 개량종이므로 피망과 파프리카는 사실 같은 식물로 취급한다. 피망은 일반적으로 녹색 또는 빨간색

피망 전조

열매가 열리고 열매에서 약간 매운 맛이 나지만, 파프리카는 노란색, 주황색, 빨간색, 녹색, 자주색, 흰색 등의 열매가 열리고, 열매 맛은 잡맛이 없고 아삭하게 씹히는 것이 특징이다.

 피망의 줄기는 높이 0.6~2m 내외로 자라고 잎의 길이는 12cm 내외, 잎의 모양은 고추 잎과 거의 비슷하다. 7~9월에 피는 꽃은 흰색이고, 꽃의 지름은 2~5cm 내외, 꽃 모양도 고추 꽃과

피망 열매

닮았다.

　피망과 파프리카의 노지 재배는 남부 지방에서 가능하고 중부 지방의 경우 병충해에 대비해 하우스에서 재배해야 한다. 만일 중부 지방의 가정에서 재배하고 싶다면 베란다에서 재배하거나 소형 온실을 만들어 재배한다. 또한 가정에서 재배할 때는 피망에 비해 가치가 더 높은 파프리카를 재배하는 것이 좋다.

　피망의 주요 생산국으로는 중국, 멕시코, 인도네시아, 터키, 스페인 등이 있는데 중국이 세계 1위 생산국인 반면 우리나라는 세계 10위권의 생산국이다.

1 전초
2 파프리카
3 파프리카 꽃

파프리카 열매

식용 방법
피망과 파프리카는 일반적으로 날것으로 식용한다. 사각형이나 잘게 썰어서 각종 샐러드에 넣는다. 피망은 약간 매운맛이 나기 때문에 고추 대용의 볶음 요리, 중국식 요리에 넣을 수 있다. 파프리카는 아삭한 맛이 나기 때문에 샐러드용으로 제격이다.

약용 및 효능
일반적으로 녹색 계열보다는 붉은색, 자주색 계열의 열매가 더 영양가가 높다. 열매의 주요 성분으로는 비타민 B, C, 리코펜, 카로틴, 철분, 칼륨 등이다. 노화 방지 겸 항산화에 특히 효능이 높다.

재배 환경
용기 재배
수경(양액) 재배
베란다 텃밭
노지(옥상) 텃밭

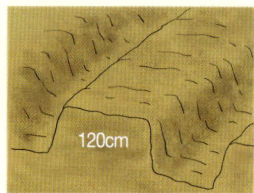
토양 선택하기
사질+점질 혼합 토양에서 잘 자란다. 이랑 너비는 120cm로 준비한다. 1m 높이의 지주대와 노끈 같은 줄의 설치가 필요하다.

모종 육묘하기
봄 재배는 2월, 가을 재배는 7월에 트레이나 육묘 상자에 파종한 뒤 1~2개월 뒤 밭에 아주 심는다. 겨울 재배는 12월에 하우스에서 파종 및 재배한다. 겨울철 가정 재배는 화분이나 채소 재배 상자에 파종하고 베란다에서 키운다.

모종으로 재배하기
재식 간격은 50x40cm가 적당하다. 아주 심는 시기는 봄 재배의 경우 5월, 가을 재배의 경우 8월이 좋다.

X자형 지주대 세우기

재배 관리하기
잎이 몇 장 달릴 1차, 꽃이 피기 전후에 2차 순지르기를 하고 곁눈(곁가지로 자라는 눈)도 따준다. 꽃이 핀 후 첫 열매도 순지르기하면 더 좋은 열매가 열린다. 열매가 생길 무렵 지주대를 세우고 끈으로 줄기를 묶어준다. 지주대는 Ⅰ 자형으로 세우거나 X 자형으로 세운다.

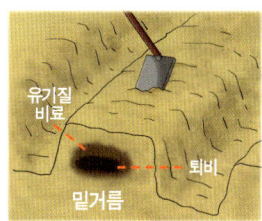

비료 준비하기
밭을 준비하기 10~20일 전 밑거름으로 유기질 퇴비를 충분히 주고 밭두둑을 만든다.
웃거름은 필요한 경우에 유기질 비료를 조금씩 준다.

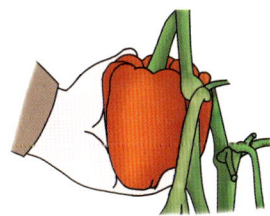

수확하기
꽃이 핀 후 2~3개월 전후에 열매가 알맞게 색상이 들면 수확해 식용한다. 12월 하우스에서 파종한 경우 이듬해 2~6월에 수확한다.

그 외 파종 정보 & 병충해
피망과 파프리카 농사는 기본적으로 하우스 농사로 해야 하지만 가정의 베란다 텃밭에서 키울 경우 앞의 일정대로 할 수 있다. 파종은 가급적 종자 소독 된 씨앗으로 파종한다. 병충해에 매우 약하므로 베란다 텃밭의 경우 고온다습하거나 통풍이 되지 않는 장소는 피한다. 열매가 썩는 증상이 발생하면 바로 석회 비료를 조금씩 10일 간격으로 준다.

약용 식물
텃밭 작물

왜당귀(일당귀)
더덕
결명자
오미자
구기자

쌈채소로 인기 있는 일본산 당귀
왜당귀(일당귀)

산형과 여러해살이풀 *Angelica acutiloba* 꽃 : 8~9월 높이 : 0.6~1m

월별 재배 일지	1	2	3	4	5	6	7	8	9	10	11	12
씨뿌리기				■					■	■	■	
아주심기				■								
솎아내기 & 김매기					■	■				■	■	
밑거름 & 웃거름				■		■		■	■	■		
수확하기								■	■	■		

스티로폼 용기에 재배하는 왜당귀

　일본 원산의 왜당귀는 일제 강점기 때 토종 당귀를 구하는 것이 어렵게 되자 일본인들에 의해 국내에 도입되었다. 현재는 특유의 향 때문에 쌈채소로 인기만점이다.

1 꽃
2 전초
3 어린잎

　줄기는 높이 60~100cm 내외로 자라고 잔가지가 많이 갈라진다. 줄기와 잎자루는 검자색이고 털이 없다. 잎은 길이 10~25cm 내외, 1~3회 깃모양으로 갈라진다. 작은 잎은 길이 5~10cm로서 가장자리에 3개로 깊게 갈라지고 톱니가 있다.

　왜당귀 꽃은 8~9월에 겹우산 모양 화서로 피는데 자잘한 꽃 30~40개가 우산 모양으로 그룹을 이루고, 이 그룹이 다시 우산 모양으로 모여 꽃이 핀다.

식용 방법
어린잎을 날것으로 먹거나 조리해 먹는다. 특유의 당귀 향 때문에 국내에서는 잎을 고추장이나 된장에 찍어 먹는 쌈채소로 인기 있다. 뿌리는 약간 맵고 달콤한 맛이 나지만 식용보다는 약용으로 사용한다.

약용 및 효능
뿌리를 당귀라고 하며 약용한다. 월경촉진, 분만촉진, 진정 등 주로 여성 관련 질환에 좋다. 또한 현기증, 통증, 마비 증세에 효능이 있고 나쁜 피를 정화시킨다.

재배 환경
용기 재배
수경(양액) 재배
베란다 텃밭
노지(옥상) 텃밭

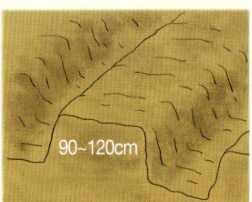
토양 선택하기
비옥한 토양을 좋아한다. 이랑 너비는 90~120cm로 준비한다.

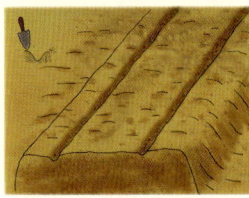
씨앗으로 재배하기
4월 중순이나 9월 중하순에 종자를 5cm 깊이로 줄뿌림하거나 모종을 심는다. 9월 파종은 이듬해 봄에 발아한다.

재식 간격 지키기
모종으로 심을 경우의 재식 간격은 50x30cm 정도가 적당하다.

재배 관리하기
줄뿌림으로 파종한 경우에는 솎아내기를 하고, 김매기를 자주 하여 잡초가 발생하지 않도록 한다.

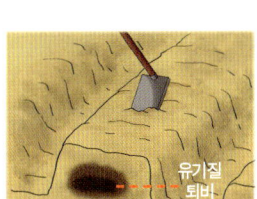

비료 준비하기
봄 재배의 경우에 얼음이 녹을 무렵 밑거름으로 유기질 퇴비를 주고 밭두둑을 만든다.
웃거름은 연간 2~3회 조금씩 준다.

수확하기
잎자루를 포함하여 잎 길이가 15cm 정도일 때부터 수시로 수확하는데, 보통 가을에 수확하고 몇 년 동안 수확할 수 있다. 가을 재배의 경우에도 월동시킨 뒤 이듬해 가을에 수확한다.

그 외 파종 정보 & 병충해
종자는 이틀 정도 물에 불린 다음 냉장고에서 3~4일 얼린 뒤 해동되면 바로 파종한다. 약초는 대부분 수경 재배가 잘 되지 않지만 용기 재배의 경우 넓고 깊은 용기에서는 재배할 수 있다. 일반적으로 양지보다는 반그늘에서 재배하는 것이 좋다. 종묘상에서는 잎을 먹는 당귀라고 해서 '잎당귀' 또는 '일당귀'라는 이름으로 판매한다.

2~4년 동안 기르는
더덕

초롱꽃과 여러해살이풀 *Codonopsis lanceolata* 꽃 : 8~9월 길이 : 2m

월별 재배 일지	1	2	3	4	5	6	7	8	9	10	11	12
씨뿌리기				■	■					■	■	
종근심기					■					■	■	
솎아내기 & 김매기					■	■	■					
밑거름 & 웃거름				■	■		■		■	■		
수확하기								■	■	■	■	

텃밭에서 재배하는 더덕

    우리나라와 중국, 일본에서 자생하지만 요리로 즐겨 먹는 나라는 우리나라이다. 일반적으로 산의 200~1,600m 고도에서 자생하지만 강원도 횡성에서 특용작물로 많이 키운다. 특성상 숲의 얼룩그늘이나

1 모종
2 잎

뿌리를 더덕이라고 한다.

  그늘진 곳에서 자생하지만 텃밭에서 키울 때는 밝은 곳에서 키운다.

  줄기는 길이 2m 내외로 자라고 줄기를 자르면 유액이 나온다. 어긋난 잎은 짧은 가지에서 4개의 잎이 서로 거의 붙은 상태에서 마주보고 달린다. 잎의 모양은 피침형이거나 긴 타원형이고 가장자리는 밋밋하다.

  8~9월에 피는 꽃은 초롱꽃 모양이고, 꽃받침은 5개로 갈라진다. 꽃의 길이는 2.5~3.5cm 내외, 끝 부분이 5개로 갈라져 뒤로 약간 말린다. 꽃 겉색상은 연한 녹색이고 안쪽에 자갈색 반점이 있으며, 암

꽃

술머리는 3~5갈래로 갈라진다. 원뿔 모양의 열매는 9월에 성숙하고 열매에는 꽃받침조각이 남아 있다.

더덕과 비슷한 식물인 만삼(Codonopsis pilosula (Fr.) Nannf.)은 꽃 안쪽에 자주색 무늬가 없고 뿌리 모양은 길고 가느다란 원뿌리 모양이다. 소경불알(Codonopsis ussuriensis (Rupr. et Max.) Hemsl.)은 뿌리 모양이 구슬 모양의 덩이뿌리로 되어 있으므로 둘 다 뿌리 식용용으로는 불만족스럽다.

식용 방법
더덕 뿌리의 껍질을 깐 뒤 방망이로 두들겨 부드럽게 편다. 그런 뒤 더덕구이로 먹거나 더덕생채, 더덕장아찌, 더덕산적, 더덕간장무침, 더덕고추장무침, 더덕강정 등으로 먹는다. 또는 더덕을 잘게 썰어 더덕돌솥밥으로 먹는다. 더덕을 통째로 튀겨 더덕튀김으로 먹거나 더덕술을 담가 먹는다. 어린잎은 나물로 무쳐 먹는다.

약용 및 효능
건조시킨 잎 100g에는 단백질 13g, 지방 20g, 탄수화물 61g, 섬유 36g, 회분 6.2g, 칼슘 506mg, 인 680mg, 철 12mg, 티아민 0.67mg, 리보플라빈 1.24mg, 니아신 4.5mg이 함유되어 있다. 건조시킨 뿌리를 15g 단위로 달여 먹으면 항암, 무월경, 모유촉진과 각종 염증에 효능이 있다. 잎도 그와 비슷한 약용 및 효능이 있을 것으로 추정된다.

재배 환경
용기 재배
수경(양액) 재배
베란다 텃밭
노지(옥상) 텃밭

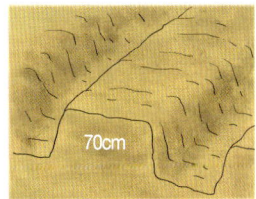
토양 선택하기
비옥한 토양에서 잘 자란다. 이랑 너비는 70cm로 준비한다. 덩굴 식물이므로 지주대와 유인줄을 설치한다.

씨앗으로 파종하기
4~5월 또는 10~11월에 종자와 톱밥을 1대 2로 섞어 흩어뿌림 파종하거나 종자 몇 개를 점뿌리기로 파종한다.

종근으로 재배하기
종근으로 재배할 경우에는 20x15cm 간격으로 심는다. 종근은 싹이 붙어 있는 상태이므로 싹이 땅 위로 올라오도록 심는다.

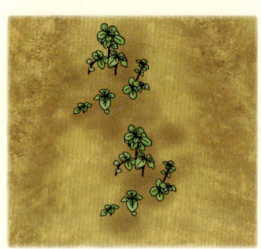

재배 관리하기
본 잎이 3~4장일 때 속아낸다. 매년 잡초가 발생하지 않도록 수시로 김매기를 한다.

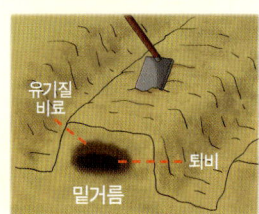

비료 준비하기
파종 10~20일 전에 밑거름(유기질 비료)을 충분히 주고 밭두둑을 만든다.
웃거름은 매년 7월 중순에 유기질 비료를 준다.

수확하기
파종 2~3년 뒤 가을에 뿌리 무게가 30g 이상일 때 수확하되 상품 가치는 4년 뒤에 수확하는 것이 가장 높다.

그 외 파종 정보 & 병충해
텃밭에서 소규모로 재배할 때는 병충해에 신경 쓸 필요 없다. 특용작물로 대규모 재배할 경우 흰가루병, 반점병, 녹병, 진딧물, 응애 등이 발생하므로 미리 방제한다. 겨울에는 안전하게 월동할 수 있도록 짚이나 낙엽 따위로 10cm 두께로 덮어준다.

땅콩과 비슷하지만 녹내장에 좋은
결명자

콩과 한해살이풀 *Senna tora* 꽃 : 6~8월 높이 : 1.5m

월별 재배 일지	1	2	3	4	5	6	7	8	9	10	11	12
씨뿌리기				■								
아주심기					■							
순자르기					■	■						
밑거름 & 웃거름				■	■			■	■			
수확하기											■	

꽃

　꽃과 잎 모양이 땅콩과 거의 흡사한 결명자는 잎이 3쌍으로 달리기 때문에 2쌍으로 달리는 땅콩과 쉽게 구별할 수 있다. 또한 땅콩은 60cm 내외로 자라고 결명자는 1~1.5m까지 자라기 때문에 이 점으

1 전초
2 석결명 전초
3 잎
4 꽃

로도 쉽게 구별할 수 있다. 전세계에서 자라는 결명자는 북미가 원산지로 추정되지만 중국, 한국, 일본, 필리핀, 베트남, 인도네시아 등에 많이 분포하고 고도면에서는 스리랑카의 해안 지대와 네팔의 히말라야 산맥에서도 자란다.

우리나라에서는 시력이 좋게 하는 결명자차로 유명한 만큼 눈이 나쁜 사람이라면 한 번쯤 결명자차를 마셔 봄 직하다.

결명자의 줄기는 높이 1.5m로 자라고 잎은 2~4쌍으로 된 겹잎이

4

지만 보통 3쌍씩 붙어 있다. 꽃은 6~8월에 잎겨드랑이에서 노란색으로 피고, 긴 꼬투리 모양의 열매는 활처럼 휘고, 꼬투리 열매 안에는 깨알같이 작은 종자들이 들어 있다.

흔히 Senna obtusifolia 품종도 결명자라고 하는데 사실 Senna tora라는 속명이 정명이고, Senna obtusifolia라는 이름은 오류로 지어진 이름으로 추정된다. 그러나 어떤 학자는 이 두 품종을 같은 종이 아닌 서로 다른 독립종으로 보기도 한다. 결명자(決明子)의 뜻은 눈을 밝게 하는 종자라는 뜻에서 붙은 이름으로서 한방에서는 '초결명'이라고 한다. 석결명(Senna occidentalis)은 결명자와 비슷한 쓰임새의 약초이지만 생김새는 결명자와 다르다.

식용 방법
결명자의 어린잎은 단백질 함량이 높아 채소처럼 볶아 먹는데, 예를 들어 수단에서는 결명자 잎을 분쇄 발효시킨 뒤 고기 대용으로 조리해 먹고, 볶은 씨앗은 커피처럼 마신다. 식용 가능한 꽃은 요리 장식용으로 안성맞춤이다.

약용 및 효능
종자에 생화학 물질인 안트라퀴논(Anthraquinones)과 naphthopyrones 유도체가 함유되어 있다. 종자를 약용하면 구충, 항균, 변비, 부종, 녹내장, 야맹증에 효능이 있고 간을 보호하는 효과가 있다. 일반적으로 볶은 종자를 물에 우려 마시는 방법으로 복용하거나 하루에 10g을 달여 복용한다. 네팔의 민간에서는 나병, 매독성 백반증, 가려운 피부에 종자를 죽처럼 만들어 바른다.

재배 환경
용기 재배
수경(양액) 재배
베란다 텃밭
노지(옥상) 텃밭

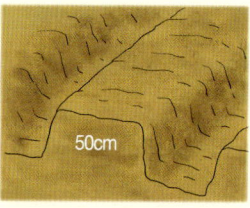
토양 선택하기
척박한 산성 토양을 제외한 사질 토양에서 잘 자란다. 이랑 너비는 50cm로 준비한다.

씨앗으로 파종하기
4월 하순~5월 초순에 점뿌림으로 3~4개씩 2~3cm 깊이로 파종한다. 비닐 피복 재배를 권장한다.

모종으로 재배하기
5월 초에 트레이에 심고 5월 말에 텃밭에 정식한다. 재식 간격은 25x25cm로 한다.

재배 관리하기
잎이 무성하면 적당히 순지르기를 한다.

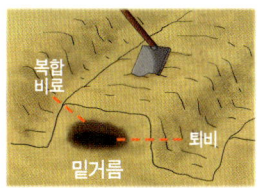

비료 준비하기
파종 10~20일 전에 밑거름으로 유기질 퇴비를 주고 밭을 갈아 엎어 밭두둑을 만든다.
8월경에 웃거름을 준다.

수확하기
11~12월경에 잎이 말라 비틀어지면 열매(결명자)를 수확한다.

그 외 파종 정보 & 병충해
종자를 24시간 동안 물에 담가 두었다가 파종한다. 땅콩에 비해 재배가 용이하다. 벌레가 발생하면 살충제로 제거하고 괴사하는 잎이 있을 경우에는 바로 제거한다.

약용 식물이지만 덩굴 식물로도 좋은
오미자

오미자과 낙엽활엽덩굴식물　*Schisandra chinensis*　꽃 : 4~6월　길이 : 6~9m

월별 재배 일지	1	2	3	4	5	6	7	8	9	10	11	12
씨뿌리기			■									
아주심기										■		
포기나누기					■	■	■	■				
밑거름 & 웃거름			■						■			
수확하기									■			

오미자

　원산지는 우리나라와 중국, 일본, 시베리아 일대이다. 열매 맛이 짜고, 맵고, 달고, 쓰고, 신 맛이 난다 하여 다섯 가지 맛, 즉 오미자라는 이름이 붙었다.

1 전초
2 열매
3 잎

 줄기는 길이 6~9m로 자라고 목본성이다. 잎은 어긋나거나 짧은 가지에서 잇달아 나오고, 잎의 길이는 7~10cm 내외, 가장자리에 치아 모양 톱니가 있다. 꽃은 암수딴그루이고 4~6월에 잎겨드랑이에서 달린다.
 꽃의 지름은 1.5cm 내외이고 꽃의 색상은 붉은 빛이 도는 흰색이다. 화피열편은 6~9개이고 수술은 5개, 암술은 많다. 열매는 8~10월에 붉은색으로 익고 여러 개가 작은 포도송이처럼 모여 달린다. 열매 안에는 평균 1~2개의 종자가 들어 있다.

식용 방법
열매를 차로 마시거나 술로 담근다. 잘 익은 열매는 날것으로 먹거나 조리해서 먹는다. 전체적으로 달고 신맛이 난다. 어린잎은 나물로 먹는다.

약용 및 효능
성숙한 열매를 수확한 뒤 껍질을 제거하고 찜으로 찐 뒤 건조시킨 후 1~6g 단위로 달여 먹는다. 인삼 대용의 자양강장, 원기회복에 효능이 있다. 최음, 간장, 강심, 담즙 활성화, 불면증, 비뇨기 장애, 저혈압, 우울, 진정, 기침, 천식, 식은땀, 만성 설사, 간염에 효능이 있고 기억력을 증진시킨다. 전초와 줄기의 점액질 성분을 약용하면 기침, 임질, 이질, 간염 등에, 씨앗은 암에 효과가 있다. 하지만 임산부는 오미자 씨앗의 약용을 피한다.

재배 환경
용기 재배
수경(양액) 재배
베란다 텃밭
노지(옥상) 텃밭

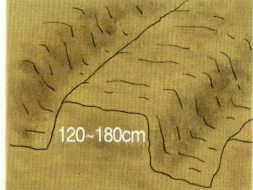
토양 선택하기
부식질의 모래 찰흙을 좋아한다. 이랑 너비는 120~180cm가 적당하다. 1.5~2m 높이의 지주대와 유인줄(철사 종류)을 준비한다. 덩굴로 자라는 잎을 유인해야 하므로 지주대를 격자 형태로 세우거나 지주대의 유인줄을 X자로 연결해 준다.

모종 육묘하기
3월 중순~4월 상순에 점뿌림으로 1~3cm 깊이로 묘판(씨앗 발아 상자)에 파종한 뒤 냉해를 입지 않도록 볏짚으로 피복한다. 파종 후 30~50일 뒤 발아한다. 이 후 가을까지 육묘한다. 또는 텃밭에 골을 내고 바로 파종해도 된다.

모종으로 재배하기
아주 심기에 적당한 시기는 모종이 어느 정도 성장한 10월 중하순이나 이듬해 3월 중하순이 좋다. 50×40cm 간격으로 아주 심는다.

유인줄로 유인한 오미자 줄기

재배 관리하기
묘판을 관리할 때 때때로 포기나누기로 개체를 늘려준다. 아주 심은 뒤에는 순치기를 때때로 하고, 김매기는 자주하고, 덩굴 줄기가 자라면 유인 줄에 묶어준다.

비료 준비하기
묘판에 파종하기 전에 밑거름을 충분히 준다. 아주 심기 10~20일 전에 텃밭에도 밑거름을 준다.
2년째부터 웃거름을 연 2회 준다.

수확하기
아주 심은 2년 뒤부터 열매를 볼 수 있다. 열매 수확은 3년 차부터 하는 것이 좋으며 매년 9월 중순 전후가 좋다. 이 후 매년 9월에 몇 차례 더 수확할 수 있다.

그 외 파종 정보 & 병충해
씨앗을 뿌리기 전 따뜻한 물에 12시간 동안 담근 뒤 파종한다. 묘판 재배는 반그늘이 적절지이다. 남부 지방의 경우 4월 초중순에 파종한다. 모종 심기의 경우 봄과 가을에 심는다. 전년도 줄기에서 열매를 맺으므로 순치기할 때 전년도 가지를 치지 않도록 유념한다. 적정 발아 온도 15~25도. 병충해가 있지만 소량 재배의 경우 신경 쓰지 않아도 된다.

열매와 뿌리의 약용 효능이 우수한
구기자

가지과 낙엽활엽관목　*Lycium chinense*　꽃 : 6~9월　높이 : 4m

월별 재배 일지	1	2	3	4	5	6	7	8	9	10	11	12
꺾꽂이하기			■	■					■	■		
아주심기					■							
순자르기					■		■					
밑거름 & 웃거름		■	■	■				■	■	■		
수확하기								■	■	■		

꽃

　우리나라를 비롯한 아시아와 남동부 유럽에서 자생한다. 아시아에서는 약 2천 년 전부터 약용한 약용 식물로 유명하다.
　줄기는 개나리 줄기처럼 뿌리에서 많이 올라오고 가늘다. 잎은 어굿나거나 여러 개가 모여달리고 잎의 길이는 3~8cm 내외, 가장자리는 밋밋하다.

　6~9월에 피는 꽃은 연한 보라색이고 잎겨드랑이에서 1~4개씩 달린다. 꽃받침은 3~5개로 갈라지고 꽃의 지름은 2cm 내외, 수술은 5개, 암술은 1개이다. 열매는 9~10월에 붉은색으로 익는데 이 열매를 구기자라고 부른다. 열매는 길이 1.5~2.5cm 내외이다.

1 열매
2 전초
3 잎

식용 방법
어린잎과 열매를 식용한다. 열매는 날것으로 먹거나 조리해 먹고, 술을 담가 먹기도 한다. 어린잎은 샐러드로 먹거나 나물로 무쳐 먹는다. 생잎 100g에는 단백질 4%, 비타민 A가 포함되어 있고 건조시킨 잎 100g에는 단백질 40%, 탄수화물 38%, 섬유 12%, 비타민 A, B가 포함되어 있다.

약용 및 효능
건조시킨 열매를 달여 먹는다. 간, 당뇨, 신장, 현기증, 정액 활성화에 효능이 있고 암을 예방한다. 뿌리껍질은 항균, 간장, 해열, 혈관 확장, 소화에 효능이 있고 뿌리는 폐렴, 기침, 천식, 고혈압, 당뇨에 효능이 있다. 뿌리는 보통 봄에 수확한 뒤 건조시킨 후 약용한다.

재배 환경
용기 재배
수경(양액) 재배
베란다 텃밭
노지(옥상) 텃밭

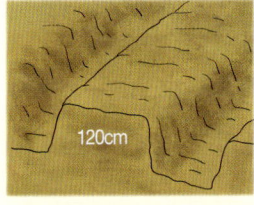
토양 선택하기
비옥한 사질 양토에서 잘 자란다. 이랑 너비는 120cm로 준비한다. 1~2m 높이의 지주대와 유인줄의 설치가 필요하다.

포기나누기
파종은 2~4월에 온상의 트레이에 파종한 뒤 늦봄에 아주 심는다. 일반적으로 파종보다는 꺾꽂이로 심는 것이 가장 좋다.

꺾꽂이 번식하기
3~4월에 전년도 가지를 꺾꽂이로 심거나 9~10월에 금년도 가지를 꺾꽂이로 심는다. 재식 간격은 120x40cm를 유지한다.

재배 관리하기
원줄기가 30cm를 넘을 때 위는 놓아두고 아래쪽 잔가지는 모두 순지르기한다. 여름에 다시 2차로 아래쪽 잔가지들을 순지르기한다. 위쪽 줄기만 덩굴처럼 자라도록 하면 튼실한 열매가 얻어진다.

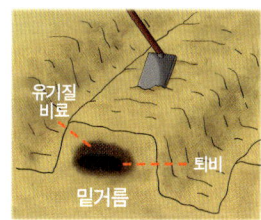

비료 준비하기
밑거름으로 유기질 비료를 주고 밭두둑을 만든다. 웃거름은 매년 6월 말, 8월 말에 준다.

수확하기
봄 재배, 가을 재배와 관계없이 매년 8~11월 사이에 열매가 붉게 익으면 수확한다.

그 외 파종 정보 & 병충해
주택집 화단에서도 별다른 관리가 필요하지 않을 정도로 성장이 양호하다. 주요 병충해로는 점무늬병, 탄저병, 응애, 진딧물 등이 있다.

찾아보기

ㄱ
가지 106
감자 140
갓 71
강낭콩 210
겨자 307
결구상추 54
결명자 363
곁가지치기 23
고구마 145
고들빼기 76
고랑 18
고사리 99
고추 111
구기자 372
귀리 244
근대 42
기장 240
김매기 24

ㄴ
녹두 230

ㄷ
다채 312
대두 205
당근 155
더덕 358
도라지 160
돈나물 94
돌나물 94
동아 124
두둑 18
들깨 190
딸기 292
땅콩 235

ㄹ
래디쉬 330

ㅁ
마늘 178
메밀 264
무 150
미나리 46

밑거름 20

ㅂ
방울토마토 282
배추 60
부추 81
북주기 24
브로콜리 317
비름 90
비타민 312

ㅅ
상추 54
샐러리 334
생강 183
소두 200
수박 272
수세미오이 134
수수 249
솎아내기 26
솎음 26
수경 재배 27
순따기 23

시금치 37
신선초 338
쑥갓 50

ㅇ

아삭이고추 116
아욱 32
양배추 326
양파 174
오미자 368
오이 120
오이맛고추 116
옥수수 296
완두 215
완두콩 215
왜당귀 354
용기 텃밭 15
우엉 170
울금 183
웃거름 20
유인줄 22
유채 66
율무 259
이랑 18
일당귀 354
잎당귀 357

ㅈ

작두콩 225
적치커리 302
적환무 330
제비콩 220
조 254
좁쌀 254
지주대 22
쪽파 86

ㅊ

참깨 195
참외 277
치마상추 54
치커리 302

ㅋ

케일 322
콩 205

ㅌ

텃밭 만들기 기초 16
텃밭 작물 냉해 대책 19
텃밭 작물 대량 재배 17
텃밭의 종류 14
토란 165
토마토 282

ㅍ

파 86
파슬리 342
파프리카 346
팥 200
포기상추 54
포도 287
피망 346

ㅎ

하루나 66
호박 128

찾아보기 377